MANUEL
DE L'ESSAYEUR,

Par M. VAUQUELIN,

Essayeur du Bureau de Garantie du Département
de la Seine, et Membre de l'Institut Impérial
de France ;

*Approuvé , en l'an 7, par l'Administration des Monnaies,
sur le rapport de M. Darcet , Inspecteur - Général
des Essais.*

———

A PARIS,

Chez J. KLOSTERMANN fils, Libraire de l'Ecole
Impériale Polytechnique, Éditeur des *Annales de
Chimie*, rue du Jardinet, n°. 13.

1812.

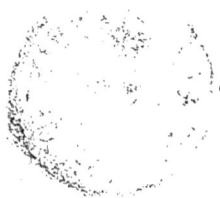

MANUEL

DE

L'ESSAYEUR.

DE L'ORDRE.

Il est quelques dispositions d'ordre qu'il est utile de mettre en pratique dans les Bureaux de garantie, où il y a beaucoup de travail : cet ordre abrège le temps, évite les erreurs, place chaque chose dans le rang qu'elle doit occuper, établit une marche constante et uniforme où tout le monde se reconnoît et où personne ne se trompe. Il consiste, en recevant les sacs, à vérifier le poids, le nombre et le titre des pièces annoncées par le Fabricant, à les inscrire sur un bulletin qu'on attache aux sacs, à placer ceux-ci dans l'ordre de réception, afin qu'ils puissent passer à l'essai à mesure qu'ils arrivent; à prendre ensuite ces sacs dans le même ordre, à couper sur toutes les pièces, autant qu'il est possible, proportionnellement à leurs poids, pour en former une *prise d'essai*, à diviser assez les fragmens de la matière, pour que celui

1

qui pèse puisse prendre de toutes les parties ;
à mettre dans des plateaux séparés les rognures
avec des étiquettes portant le nom du propriétaire, la nature et le titre de l'ouvrage.

Le même ordre doit être suivi dans les pesées,
dans la coupellation et le retour des boutons.

Les orfèvres apportent quelquefois à l'essai
des ouvrages d'or et argent finis, sur lesquels,
par conséquent, il ne reste pas de languettes à
couper.

Dans cette circonstance on est obligé de les
gratter au moyen d'un petit instrument d'acier
triangulaire, appelé *grattoir*.

Lorsque l'argent a été blanchi, et l'or mis en
couleur, il faut avoir le soin de mettre de côté
la première couche enlevée par cette opération, parce que son titre est moins élevé que
celui de la matière inférieure pour l'ouvrage
d'argent, et est, au contraire, plus fort pour
les ouvrages d'or.

Ce fait est connu depuis long-temps, par
rapport à l'or mis en couleur ; mais on étoit
dans l'erreur relativement à l'argent, puisque l'on
regardoit comme pure la surface de ce métal,
qui avoit subi l'opération du blanchîment.

Il y reste constamment à l'état de combi-
naison une quantité d'acide sulfurique dont le
poids excède celui du cuivre qui a été enlevé.

Des Balances d'essai, et de ses dépendances.

La balance d'essai est, de tous les instrumens qui composent le laboratoire de l'Essayeur, celui qui a besoin de plus d'exactitude, de précision et de soin, dans sa fabrication, de propreté et d'attention pour son entretien et sa conservation.

Ce seroit en vain, en effet, que toutes les autres opérations qu'exigent les essais d'or et d'argent seroient faites avec exactitude, si la balance qui doit, en dernier ressort, prononcer sur le véritable titre de ces matières, n'étoit pas exacte et sensible.

Cette balance est composée, comme toutes les autres, d'une colonne carrée ou ronde, creuse dans son intérieur; d'un fléau, de deux tables d'acier, et de deux plateaux mobiles reçus dans deux autres petits plateaux que portent, à leur extrémité, deux tiges plates d'acier auxquelles on donne quelquefois la forme d'étrier.

Le fléau est composé lui-même de deux bras qui sont divisés exactement en deux parties égales par un axe ou couteau qui les traverse à angle droit, d'une masse d'acier triangulaire souvent soudée au fléau et au couteau, quelquefois mobile, mais arrêtée par des vis.

Le couteau qui traverse cette masse à angle droit, avec le fléau, ne la traverse pas exactement par le centre, mais un peu au-dessus, afin que le centre de gravité du fléau soit placé au-dessous du centre de suspension.

Cette disposition rend la balance un peu moins sensible ; mais elle est moins folle, et plus facile à gouverner. Il ne faut pas cependant que cette masse soit trop lourde, ni placée trop au-dessous du centre de suspension, la balance deviendroit alors dure et paresseuse.

On conçoit qu'il est indispensable, pour la justesse de cet instrument, que les deux bras du fléau, à partir du couteau, soient rigoureusement de la même longueur, et contiennent des masses égales de matière, et que cette masse, dans tous les deux, soit également répandue sur toute leur étendue ; car il pourroit arriver que les deux bras d'un fléau fussent inégaux en longueur, et fussent néanmoins en équilibre, s'ils étoient en même temps inégaux en masse, et si cette masse, dans le plus court, correspondoit exactement à l'excès de la longueur dans l'autre. Mais dès que les bras du fléau sont rigoureusement de la même longueur, il est absolument nécessaire que les masses soient les mêmes et également placées sur toute leur étendue, pour qu'ils soient en équilibre, à moins, cependant, que la différence fût si légère qu'elle se trouvât effacée par le frottement qu'éprouve le couteau sur les tables d'acier qui le portent.

On a fabriqué, dans ces derniers temps, des balances d'essai, dont le centre de gravité peut s'élever, s'abaisser, et marcher à droite et à gauche, par le moyen de vis de rappel, suivant que l'on a besoin d'une plus ou moins grande sensibilité, et de célérité dans les opérations, ou que l'on veut rajuster le fléau.

Le couteau doit être bien trempé, et avoir une forme triangulaire ; l'angle qui repose sur les tables d'acier doit être aigu et poli avec beaucoup de soin, pour exercer le moins de frottement possible. Les tables d'acier qui reçoivent le couteau sont également trempées et bien polies, de l'épaisseur d'environ deux millimètres ; il est sensible, en effet, que moins il y aura de points de contact entre ces deux corps, et moins il y aura de frottement, et plus la balance sera sensible.

Les tables d'acier sont réunies par leurs bords inférieurs avec une pièce horizontale du même métal, qui est percée dans le milieu par une tige de fer carrée, fixée par une vis.

Cette tige se ment de haut en bas, *et vice versâ*, au moyen d'un cordon de soie, attaché à un point fixé dans l'intérieur de la colonne ou obélisque, à deux ou trois centimètres de l'extrémité inférieure de cette tige, qui passe sur trois poulies. La première de ces poulies est placée à l'extrémité même de la tige ; la seconde, à la même hauteur que le point fixe où est attaché le cordon, mais au côté opposé ; enfin la troisième, à la partie inférieure de la cavité de l'obélisque, à l'endroit où le cordon passe dans la coulisse pratiquée dans la table de la cage qui renferme la balance.

On attache à l'autre extrémité du cordon qui
est à l'extérieur, une masse de plomb cylin-
drique, renfermée dans une boîte de bois
d'ébène, de la même forme, et qui est garnie
en-dessous d'un morceau de velours, pour que
son frottement sur la table de la cage soit plus
doux.

On conçoit aisément que par ce mécanisme
ingénieux on élève, en tirant à soi la masse de
plomb, les tables d'acier, d'une quantité égale
à la distance qu'il y a entre l'extrémité de la tige
au fer qui les porte, et le point fixe où le cordon
est attaché. Pour bien entendre le mouvement
que l'on communique ainsi au fléau de la balance,
il faut savoir que le couteau est reçu par ses
extrémités, lorsque la balance est en repos,
dans des échancrures pratiquées sur le corps
même de la colonne, et qui ont la même forme
triangulaire que celle du couteau. Alors les
tables, qui sont plus basses que ces échancrures
lorsque la balance est sur son repos, rencontrent,
en s'élevant, le couteau du fléau, et le mettent dans
la condition convenable pour obéir au plus petit
excès de poids qui seroit placé à une de ses
extrémités.

Le fléau porte, de plus, une aiguille qu'on appelle *index* ou *juge*, placée à son milieu, di-
rectement au-dessus du couteau, et dont l'inclinaison, soit à droite, soit à gauche, est mesurée
par une portion du cercle divisé devant lequel

elle marche. Le milieu de ce cercle est percé d'un trou qui exprime le zéro d'inclinaison, et qui indique, lorsque l'aiguille y correspond exactement, l'équilibre de la balance. Cette portion de cercle est fixée sur la table postérieure d'acier, qui s'élève comme elle ; elle doit être bien d'aplomb.

Les extrémités du fléau sont relevées en-dessus, et présentent la forme d'un couteau légèrement arrondi, et concave dans son milieu, pour recevoir les crochets des tiges de métal, destinés à porter les plateaux, et leur permettre un mouvement facile, pour que la traction se fasse bien perpendiculairement.

Tout cet équipage doit être renfermé dans une cage de verre, dont le fond est de bois d'ébène, et dont la face antérieure s'élève dans une coulisse, où elle est retenue en suspension par des ressorts d'acier courbés en devant.

Le fond de la caisse porte ordinairement plusieurs tiroirs destinés à renfermer différens outils, tels que des limes plates de différentes finesses, pour frotter les morceaux d'or ou d'argent dont on veut enlever quelques atômes ; des tenailles taillées en limes, pour pouvoir pincer les fragmens de matière et les passer sur la lime ; des bruxelles pour mettre ou retirer des plateaux les petits fragmens de métal, et obtenir le poids qu'on désire ; des *gratte-bosses* pour nettoyer le dessous des boutons ; des boîtes contenant les poids ; tous objets qui ne méritent point de description particulière, et qu'il suffit d'avoir vus une fois, pour les connoître et en concevoir l'usage.

Lorsqu'on veut s'assurer si une balance est juste, il faut commencer par élever doucement les tables d'acier, à l'aide du mécanisme dont il a été parlé plus haut ; et lorsque le fléau reste stationnaire, ou qu'après quelques légères oscillations il redevient horizontal, c'est une preuve que les deux bras sont en équilibre ; mais ce n'en est pas une que la balance est juste : car, comme nous l'avons déjà dit, il suffiroit, pour établir l'équilibre entr'eux, que l'un égalât par un excès de masse l'excès de vîtesse de l'autre. Il faut donc placer dans chacun des plateaux des poids parfaitement égaux ; et si cette fois l'équilibre subsiste, c'est une preuve certaine de la justesse de la balance : il est évident qu'alors, s'ils n'étoient pas égaux, celui qui seroit le plus long l'emporteroit sur l'autre.

La justesse d'une balance n'est pas la seule qualité qu'elle doit avoir, il faut encore qu'elle soit sensible, c'est-à-dire, qu'elle puisse être mise en mouvement par une très-petite masse, un dix-millième de gramme, par exemple ; ce qui répond à-peu-près à un six-centième de grain, poids de marc.

Avant de se servir de la balance d'essai, il faut toujours avoir soin de s'assurer si elle ne s'est pas dérangée ; et si le fléau n'étoit pas en équilibre, il faudroit passer dessus, ainsi que sur les plateaux, un petit pinceau fait avec des cheveux, pour abattre la poussière qui s'introduit dans la cage pendant le travail.

Lorsqu'on pèse, il faut éviter les rayons du soleil, qui pourroient, en dilatant inégalement les bras du fléau, rompre leur équilibre. Les courans d'air ne sont pas moins dangereux, en agitant la balance et en la faisant pencher plus d'un côté que de l'autre. Il est donc nécessaire que la balance soit placée dans un petit cabinet où les rayons du soleil et les courans d'air ne puissent avoir accès. Il est également important d'écarter avec soin du lieu dans lequel est renfermée la balance, l'humidité, et sur-tout les vapeurs acides, qui indubitablement rouilleroient le fléau et rendroient cet instrument inexact, ou au moins diminueroient sa sensibilité.

Des Poids.

Les poids dont on se sert aujourd'hui pour les essais d'or et d'argent sont le gramme et ses divisions décimales ; il correspond à 18,841 grains, poids de marc. L'ensemble de ce poids consiste : 1°. dans le gramme lui-même ; 2°. les 0,5 de gramme ; 3°. les 0,2 de gramme ; 4°. le 0,1 de gramme ; 5°. le 0,05 de gramme ; 6°. le 0,02 de gramme ; 7°. le 0,01 de gramme ; 8°. les 0,005 de gramme ; 9°. les 0,002 de gramme; 10°. le 0,001 de gramme ; enfin les 0,0005, ou le demi-millième de gramme.

On voit que par cette division du gramme onze poids sont suffisans pour avoir tous les termes intermédiaires entre les deux extrêmes , savoir, l'unité principale, le gramme, et la plus petite division qui serve dans les essais, le demi-millième de gramme. Ceux qui fabriquent ces poids ont coutume de faire double, les 0,1, les 0,01, les 0,005, les 0,002, les 0,001, les 0,0005 de gramme, parce que ces poids étant très-légers, et cédant au plus petit mouvement, ils sont très-sujets à se perdre.

Ces poids sont ordinairement faits en argent. On pourroit également les faire en or ou en platine ; mais ces métaux étant spécifiquement plus pesans, les poids qu'on en formeroit auroient un beaucoup plus petit volume sous la même masse, et à peine les dernières divisions du gramme seroient visibles : le cuivre seroit même préférable, s'il n'étoit pas susceptible de s'oxider par l'eau et les vapeurs acides.

Le gramme, ou l'unité principale, doit être fait sur un bon étalon ; mais ce sont sur-tout les divisions qui doivent avoir la plus grande exactitude et contenir rigoureusement les parties aliquotes qu'elles expriment. On conçoit, en effet, que c'est dans l'exactitude des rapports que doivent avoir entr'elles les divisions d'un poids quelconque, que consiste toute la précision des opérations, et que deux Essayeurs qui travail-leroient avec des poids dont l'unité principale seroit différente obtiendroient néanmoins les mêmes résultats, si les parties aliquotes étoient exactes, et si d'ailleurs ils opéroient tous deux avec les précautions requises.

Pour vérifier l'exactitude de ces poids, il faut mettre dans un des plateaux d'une balance bien sensible l'unité principale, et dans l'autre toutes les parties qui la représentent; et s'il y a égalité, c'est une preuve que la division générale est bonne; mais ce n'en est pas une pour chaque division en particulier, car il seroit possible que ce qui pourroit se trouver en moins dans les uns se trouvât en plus dans les autres; il faut donc les comparer les uns après les autres avec leurs divisions correspondantes.

Conversion des grammes en deniers et en karats,
et vice versâ.

Si, faute de table de comparaison, on désire, pour sa propre satisfaction, ou celle des Orfévres et Fondeurs, convertir les divisions du gramme en deniers et karats, et ceux-ci en partie de gramme, on y parvient par une simple règle de proportion.

Exemple :

On demande combien de l'argent à 0,800 de fin donnera de deniers et de grains. On dira :

1000 est à 12 comme 0,800 est au nombre cherché.
On multipliera donc le nombre 12 par 0,800,
ce qui donnera 9,600 pour produit ; c'est-à-dire
que l'argent sera à 9 deniers six dixièmes de
denier ; mais ce ne sont pas des dixièmes de denier que l'on cherche, ce sont des grains. Pour
convertir ces fractions de denier en grains,
poids de *semelle*, il faut les multiplier par 24,
nombre de parties dans lesquelles se divise le
denier, et diviser ensuite le produit, qui est 144,
par 10, ce qui donne 14,4 ; l'argent sera donc
à 9 deniers 14 grains 0,4. Si à la place des
deux zéros qui dans cet exemple suivent le 6, il
y avoit des chiffres, il faudroit les multiplier également par 24 ; mais au lieu de diviser alors
le produit par 10, il est évident qu'il faudroit
le diviser par 100.

Voici la formule.

$$1000 : 12 :: 800 : x = \frac{9600}{1000} = 9,600 , 0,600 + 24$$
$$= \frac{1400}{1000} = 14,4.$$

Pour convertir les deniers et leurs divisions en
parties décimales de gramme, on opère absolument d'après le même principe, en observant
seulement un ordre inverse entre les membres
de l'équation. Ainsi on demande combien de
l'argent à 11 deniers 9 grains donnera de
millièmes de gramme : on dira, 12 sont à 1000
comme 11 d. 9 gr. sont au nombre cherché ;

il faudra d'abord convertir les 9 deniers en fractions décimales, en les multipliant par 10, jusqu'à ce que le produit qui en résultera puisse se
diviser par 24, et placer autant de zéros avant
le quotient qu'on aura multiplié de fois le numérateur de la fraction par 10. On aura dans ce
cas-ci 0,375, qui, ajoutés aux 11 deniers, font
11,375, lesquels multipliés par 1000, donneront
11375; et ce produit, divisé par 12, donnera
0,9479 pour quotient, ou plus simplement 0,948,
en négligeant un dix-millième. L'argent sera
donc à 0,948 de fin.

Les mêmes règles seront également suivies
pour l'or, en observant cependant que le poids
qui servoit autrefois à peser ce métal se divise
en 24 parties, qu'on appelle karats, et chacun
de ceux-ci en 32 parties. Ainsi, en multipliant
par 10 ou par 100 le numérateur qui suivra les
karats, pour le convertir en fraction décimale,
il faudra ensuite en diviser le produit par 32,
au lieu de 24, comme pour l'argent.

Fourneaux de Coupelle.

La forme la plus ordinaire de ce fourneau
représente une colonne carrée d'environ 36
centimètres de large sur 34 de haut, et 34 de
profondeur, terminé par un dôme mobile, en
forme de pyramide à quatre faces, dont la hauteur est de 25 centimètres, et l'ouverture carrée
qui le termine, de 18 centimètres de ce côté.

Ces dimensions varient suivant la grandeur du fourneau ; celui-ci peut contenir dans sa moufle 16 coupelles, et même 20.

Les parois de ce fourneau ont communément 5 centimètres d'épaisseur. Il porte trois ouvertures : la supérieure est pratiquée sur le plan antérieur de la pyramide, elle sert à mettre le charbon, on le nomme gueulard : elle est demi-circulaire, sa largeur est de 19 centimètres, et sa hauteur de 17. La moyenne est celle qui correspond à la moufle, elle a 14 centimètres de large et 11 de haut. Cette partie du fourneau s'appelle laboratoire ; elle reçoit par une ouverture pratiquée dans la paroi postérieure une brique de 10 centimètres de large, de 16 de long, et qui entre dans l'intérieur du fourneau d'environ 9 à 10 centimètres. C'est sur cette brique, qui remplit assez exactement son ouverture, et qui est d'ailleurs solidement assujettie par de la terre, que repose le fond de la moufle ; disposition qui est infiniment plus solide que les pitons en terre que l'on pratiquoit autrefois à cet effet. Immédiatement au-dessous de la moufle est une tablette en terre, de 8 centimètres de large, faisant corps avec le fourneau, et qui s'étend sur toute la surface antérieure : son usage est de permettre d'éloigner la porte de l'ouverture pendant la coupellation.

La troisième ouverture, ou l'inférieure, est

celle du foyer : elle est carrée et a 18 centimètres de large, sur 10 de haut. Outre ces trois
ouvertures principales, il y en a encore une sur
chaque face latérale qui correspond au foyer,
et est à la même hauteur que celle de devant;
on les ouvre ou ferme suivant le besoin : leurs
dimensions sont de 12 centimètres de large
sur 8 de haut.

Le cendrier de ce fourneau est formé d'une
autre pièce de terre carrée, creuse en dedans,
plus large que le corps du fourneau, et dans
l'épaisseur de laquelle la base de celui-ci est
reçue au moyen d'échancrures ou d'entailles
qui y sont faites : elle porte une grille en terre
des mêmes dimensions que le fourneau, et
percée de trous carrés de 2 centimètres et demi
environ de côté. Cette pièce a une ouverture
sur le devant, de 17 centimètres de large, sur 3
de haut ; elle est destinée à fournir de l'air à
la cavité intérieure du cendrier, où il s'amasse,
s'échauffe, et passe dans cet état à travers les
charbons qui sont au-dessus, et opère la combustion.

Le dôme du fourneau est terminé par un
tuyau de terre qui lui sert de cheminée, dont
l'extrémité inférieure carrée s'adapte exactement
à la gorge du dôme ; cette cheminée a environ 8 à 9 centimètres de diamètre intérieure-
ment. Le fourneau dont il est question ici est
supposé fait en terre, et dans ce cas il doit

être soigneusement lié avec quatre bandes de
fer serrées avec des vis et des écrous.

L'une est placée à la partie supérieure du
dôme ou reverbère; la deuxième, à l'endroit
où le dôme s'unit au corps du fourneau, et
enveloppe les bords des deux parties, de manière cependant que le dôme soit libre et puisse
s'enlever facilement; la troisième est placée
au milieu du corps du fourneau, et comprend
dans son intérieur la tablette placée sous l'ouverture de la moufle; la quatrième enfin sert
à lier la pièce carrée sur laquelle repose le
fourneau, et que nous avons dit être le cendrier.

Les moufles propres pour un fourneau tel
que celui qui vient d'être décrit doivent avoir
environ 13 à 14 centimètres de large sur 10 de
haut, absolument semblables à l'ouverture du
fourneau qui leur répond.

On les introduit par l'ouverture du dôme qui
est la plus grande, de sorte qu'on n'est point
obligé de démonter le fourneau.

D'après les dimensions que nous avons données du fourneau et de la moufle, il est clair
qu'il doit rester de chaque côté de celle-ci un
espace de 6 centimètres; ce qui est suffisant
pour le passage des charbons, si on ne les emploie pas trop volumineux.

L'on fait aussi des fourneaux de coupelle en
fer, doublés de terre : ils durent plus long-temps

que les autres, mais ils sont plus difficiles à échauffer et ne conservent pas aussi bien leur chaleur.

Des Moufles.

Les moufles sont des vases de terre destinés à recevoir les coupelles; elles ont à-peu-près la forme d'un four, c'est-à-dire qu'elles sont formées d'une voûte légèrement surbaissée et d'une aire horizontale, au lieu d'être elliptique ou ronde; la sole représente un carré alongé, et la paroi du fond fait un angle droit avec l'aire.

Elles sont percées de chaque côté d'une ou de deux fentes de 18 à 20 millimètres de long, et 5 de large; il y en a aussi deux sur la paroi du fond, celle qui est opposée à l'ouverture antérieure.

Il est essentiel que l'aire des moufles soit bien droite dans toute son étendue, pour que les coupelles y soient d'à-plomb, et que le bouton de retour se trouve bien au centre du bassin.

Lorsqu'on fait faire un fourneau de coupelle, il est bon de faire fabriquer en même temps une cinquantaine de moufles, parce qu'elles conviennent aux dimensions du fourneau, et sont infiniment plus avantageuses que celles qu'on achète au hasard. Cette quantité de moufles suffit pour user un fourneau qui travaille tous les jours.

Lorsqu'on se sert des moufles, on répand sur l'aire, du sable fin ou de la craie en poudre, pour

que les coupelles ne s'y attachent point par
l'oxide de plomb qui pénètre souvent à travers.

Des Coupelles.

Les coupelles sont des vases faits avec des os
calcinés, qui ont reçu ce nom parce qu'ils res-
semblent à de petites coupes.

Pour les préparer, on fait calciner à blanc des
os d'animaux quelconques, que l'on broye à
l'aide de moulins ou de pilons, et qu'on passe
ensuite dans des tamis d'une grosseur déterminée,
car il seroit également nuisible que la poudre fût
trop grosse ou trop fine.

Lorsqu'on a une suffisante quantité de poussière d'os, on la met dans des baquets, qui
portent un robinet à 15 ou 20 centimètres au-
dessus de leur fond, et qui doit être garni d'un
linge grossier, pour que la poussière osseuse ne
puisse pas s'y introduire et l'obstruer.

On verse dessus de l'eau de rivière, dans laquelle on la laisse tremper pendant sept à
huit heures, en agitant de temps en temps.

Quand la matière est déposée, et l'eau bien
éclaircie, on la laisse écouler, on en remet
une seconde fois, et on opère comme dessus.

On laisse égoutter les os suffisamment pour
qu'ils acquièrent la consistance d'une pâte un peu
solide, que l'on met dans les moules destinés à
lui donner la forme et la grandeur convenables.
Ces moules sont faits de cuivre jaune, et sont

composés de trois pièces, qui se séparent facilement, savoir, d'un segment de cône, qu'on appelle *none ;* d'un fond mobile, dont les bords
circulaires sont coupés sous le même angle d'inclinaison que les parois internes de la none, sur
lesquelles elle s'appuie; enfin, d'un moule intérieur, ou *moine,* qui est un segment de sphé-
roïde portant à l'endroit de sa section un rebord
qui s'appuie sur ceux de la *none,* et qui a un
manche en bois ou en cuivre de 4 à 5 centimètres
de long. Ainsi, lorsqu'on a mis dans le moule la
quantité de matière nécessaire, on la presse avec
les doigts, on enlève l'excès de la matière avec
une lame de cuivre; on saupoudre alors cette
surface avec de la poussière d'os très-fine, on y
enfonce le moule intérieur, ou *moine,* en le frappant à plusieurs reprises avec un maillet de bois,
jusqu'à ce que son rebord ait rencontré ceux de la
none, et que le bassin de la coupelle soit bien
formé. Par ce moyen, le bassin de la coupelle est
constamment le même; il se trouve toujours au
centre, et parfaitement d'à-plomb avec le corps
de la coupelle lorsqu'elle est placée sur un plan
horizontal. Pour enlever la coupelle de l'intérieur du moule, on pose son fond, qui, comme
on sait, est mobile, sur une petite colonne de
bois, dont le diamètre est égal au sien; en ap-
puyant légèrement sur le moule, la *none* descend,
et la coupelle se trouve alors à nu.

Les coupelles une fois formées comme il vient

d'être exposé , on les place sur des planches, dans des endroits échauffés en hiver par des poëles ; et lorsqu'elles ont perdu, par l'évaporation spontanée, l'humidité superflue, et qu'elles ont acquis un commencement de solidité , on les met dans des fours, où elles éprouvent une chaleur suffisante pour les cuire.

Il y a quelques conditions à remplir pour donner aux coupelles les qualités qu'elles doivent avoir ; il faut que la poussière d'os ne soit ni trop grosse ni trop fine : dans le premier cas , elle laisseroit entre ses parties des espaces trop grands, et qui seroient fort inégalement distribués , et la coupelle , après son desséchement , seroit trop poreuse ; dans le deuxième , au contraire , les parties étant trop serrées, ne laisseroient pas une somme suffisante de vide pour recevoir l'oxide de plomb, ou litharge, provenant de la coupellation, dont l'introduction ne se feroit d'ailleurs que difficilement. 2°. Il est nécessaire que la pâte d'os ne soit ni trop sèche, ni trop humide : dans le premier état, elle ne deviendroit point homogène par la pression, ou elle seroit trop compacte , et ne conserveroit point assez de pores relativement à son poids (1) ; dans le second état, l'eau surabondante qui reste dans la matière, et qui n'en peut sortir par la pression, puisque le

_____

(1) Les coupelles ne peuvent absorber tout au plus qu'un poids égal au leur d'oxide de plomb.

moule ferme exactement, laisseroit trop de vide dans l'intérieur de la matière en s'évaporant, et ce vase seroit trop fragile et pourroit absorber de l'argent.

Au reste, la fabrication des coupelles ayant été jusqu'ici confiée à la routine, on ne peut guères prescrire de règles certaines et générales, soit sur le degré de finesse qu'il convient de donner à la poussière d'os, à la quantité d'eau qui doit entrer dans la composition de la pâte pour que la coupelle conserve la somme de vide le plus convenable, soit enfin à la force de pression qu'on doit lui faire éprouver, etc. Il y a lieu d'espérer cependant que quelque jour on portera sur cet objet intéressant de l'art de l'Essayeur, la lumière de l'expérience guidée par le raisonnement, et qu'il en résultera des données à l'aide desquelles on pourra faire des coupelles jouissant toujours des mêmes qualités (1).

---

(1) M. Desmarets employé au Bureau de Garantie de Paris, est arrivé par une longue expérience dans la fabrication des coupelles, au degré de perfection que l'on peut désirer dans la qualité de ces sortes de vases.

Il en fournit à la Monnoie, au Bureau de Garantie, aux Essayeurs du Commerce de Paris, et depuis long-temps on en est parfaitement satisfait.

Les Essayeurs des départemens pourront avec confiance s'adresser à lui pour cet objet, soit au Bureau de Garantie, ou à sa demeure; leurs commandes seront promptement et fidèlement exécutées.

De la Purification de l'Eau-forte pour le départ de l'or.

Comme il est très-difficile, dans les travaux en grand sur-tout, d'obtenir le nitrate de potasse ou salpêtre parfaitement pur et exempt de muriate de soude, ou *sel marin*, et que les distillateurs d'eau-forte, d'ailleurs, n'emploient ordinairement pour cette opération que du salpêtre de la deuxième cuite, l'acide nitrique qu'ils obtiennent contient constamment une quantité plus ou moins grande d'acide muriatique, ou *acide marin*. La présence de ce dernier dans l'acide nitrique étant nuisible au départ de l'or, en ce qu'il favorise sa dissolution et qu'il forme du muriate d'argent, il est indispensablement nécessaire de le purifier.

Pour cela on fait dissoudre environ quatre grammes d'argent fin dans chaque kilogramme d'eau-forte, ou un demi-gros pour chaque livre; à mesure que l'argent est oxidé par l'acide nitrique, il s'unit à l'acide muriatique, et forme avec lui un sel blanc insoluble qui se dépose au fond de la liqueur: ce sel porte le nom de muriate d'argent, ou *lune cornée*.

Lorsque cette matière est déposée et que l'eau-forte est bien éclaircie, on la décante doucement pour ne pas entraîner le dépôt avec elle. Quoique la quantité d'argent prescrite ici soit suffisante dans le plus grand nombre de cas, cependant, comme toutes les eaux-fortes ne contiennent pas la même quantité d'acide muriatique, il est bon de s'assurer, avant de l'employer, s'il n'y reste plus d'acide muriatique, en y mêlant quelques gouttes de dissolution d'argent : si elle reste claire, c'est un signe qu'elle en est parfaitement dépouillée ; mais si elle se trouble, il faut y faire dissoudre une nouvelle quantité d'argent, jusqu'à ce qu'elle présente le caractère indiqué plus haut.

Il vaut mieux, en général, qu'il reste un peu d'argent en dissolution dans l'eau-forte, que de l'acide muriatique, parce que la présence de ce métal, lorsqu'elle n'est pas considérable, n'est pas nuisible à l'opération du départ.

Il seroit bon aussi, quoique cela ne se pratique pas ordinairement, de faire bouillir pendant quelques minutes l'eau-forte, après l'avoir ainsi purifiée, pour en chasser la petite portion de gaz nitreux formé pendant la dissolution de l'argent, lequel pourroit favoriser la dissolution de quelques atômes d'or, sur-tout pendant la reprise, où l'eau-forte employée est dans un état de concentration plus grand. En supposant que l'acide muriatique n'opérât pas la dissolution de quelques parties d'or, il seroit néanmoins nuisible par le muriate d'argent qu'il formeroit et qui pourroit s'attacher ou s'introduire dans l'intérieur du cornet d'or, dont il augmenteroit le poids.

L'eau-forte du commerce donnant depuis 36

jusqu'à 44 deg., et celui auquel il convient de l'employer pour le départ de l'or devant être de 22 pour la première opération, et de 32 pour la reprise, il faut l'affoiblir en y ajoutant de l'eau pure. L'on peut arriver à ces degrés par le tâtonnement; mais si l'on outrepasse le terme, il n'y a plus de remède, en supposant qu'on n'ait pas conservé une portion d'eau-forte concentrée. On évite ces tâtonnemens et ces difficultés en faisant la proportion suivante : Je suppose qu'on veuille amener à 22 degrés de l'acide nitrique portant 38 : il faut multiplier le nombre de degrés qu'il y a entre celui de son acide et le degré auquel on veut l'affoiblir, par la masse de cet acide, et divisant ensuite le produit par la moitié du nombre de degrés qu'a l'acide concentré ; le quotient exprime la quantité d'eau qu'il faut y ajouter.

Cette règle est fondée sur ce que l'eau ne pèse point à l'aréomètre, et sur ce qu'en faisant abstraction de la contraction, qu'on peut ici négliger sans danger, l'acide nitrique ou eau-forte mêlée avec autant d'eau, diminue de la moitié de ses degrés, c'est-à-dire donne la moyenne arithmétique. Ainsi je suppose qu'on desire affoiblir, comme je le disois tout-à-l'heure, à 22 degrés, 4 kilogrammes d'acide qui en a 38 : il faudra multiplier 16, qui est la différence entre 22 et 38, par 4, masse de l'acide ; on aura 64 pour produit, que l'on divisera alors par la moitié du nombre des degrés de l'acide concentré, ce qui donnera 3,367 pour quotient, et exprimera la quantité d'eau qu'il faudra ajouter à ces 4 kilogrammes d'acide. Ce sera donc 3 kilogrammes, plus 367 millièmes de kilogrammes, c'est-à-dire 3 hectogrammes, 6 décagrammes et 7 grammes. Si l'on veut affoiblir à 32 degrés seulement 4 kilogrammes d'acide qui en a également 38, on fera la proportion suivante, qui est la même que la précédente, $19:6::4:x = 1,263$, exprimant la quantité d'eau qu'il faudra ajouter aux 4 kilogrammes d'acide. Cette proposition est, comme on le voit, générale et applicable à tous les cas, puisque la quantité d'eau doit croître ou décroître suivant la différence du degré de l'acide et de celui où on veut l'amener, et que le produit est toujours divisé par une quantité constante qui est la moitié du nombre des degrés de l'acide.

De la Préparation de l'Eau-forte pour le Touchau.

S'il est nécessaire pour le départ de l'or que l'eau-forte soit exempte d'acide muriatique, il n'en est pas de même de l'opération du *touchau*, il faut, au contraire, qu'elle en contienne une proportion déterminée; cependant ceux qui ont écrit sur cet objet, et ceux même qui pratiquent l'opération ont une opinion contraire : guidés par ce principe, vrai en lui-même, que la présence de l'acide muriatique dans l'eau-forte favorise la dissolution de l'or, tandis qu'il faut ici attaquer les métaux étrangers seulement, pour juger, par la trace d'or qui reste, du titre de ce métal, ils ont conseillé l'emploi de l'eau-forte pure; mais sous ce rapport ils se sont complètement trompés dans les conséquences qu'ils en ont tirées et les applications qu'ils en ont faites.

Je me suis pleinement convaincu par des essais nombreux que l'eau-forte pure, à quelque degré qu'elle soit, n'a nulle action sur l'or dont le titre s'élève de 15 à 16 karats. Déjà quelques personnes s'étoient aperçues que l'addition d'un peu de muriate de soude, ou *sel marin*, donnoit plus d'activité à l'eau-forte, et qu'elle pouvoit alors décéler la présence du cuivre dans l'or, à des titres supérieurs à ceux où l'eau-forte pure n'indiquoit rien de sensible.

Mais comme l'eau-forte du commerce n'est jamais parfaitement identique, non-seulement par la concentration, mais encore par sa pureté, et qu'ils y mettoient toujours la même quantité de sel, il arrivoit souvent qu'ils avoient une eau-forte tantôt trop énergique, et tantôt trop foible.

Ayant reconnu par des expériences, que l'étendue de cette instruction ne permet point de détailler ici, que plus le titre de l'or est élevé et plus l'eau-forte doit contenir d'acide muriatique, je me suis livré à une suite d'essais, et j'ai trouvé que la meilleure proportion d'acide muriatique à mêler à l'eau-forte pour de l'or au-dessous de

18 karats ; étoit la suivante : 98 parties d'eau-forte pure dont la gravité spécifique est de 13,40, 2 parties d'acide muriatique du poids de 11,73 (l'eau étant prise pour l'unité ou 1,000) et 25 parties d'eau, le tout exactement mélangé et conservé dans une bouteille de verre bien bouchée.

Pour purifier l'eau-forte pour le touchau, il faut y dissoudre 3 ou 4 grammes d'argent par kilogramme, séparer la liqueur du dépôt qui se formera par cette opération, et distiller ensuite jusqu'à siccité.

Coupellation.

La coupellation est une opération qui a pour objet la détermination exacte de la quantité des métaux étrangers alliés à l'or, à l'argent, ou à ces deux métaux réunis, ou ce qui revient au même, la détermination de la quantité d'or et d'argent alliés à d'autres métaux.

Pour y procéder, on prend une masse quelconque du métal allié dont on veut connoître le titre : autrefois, cette quantité étoit de 36 grains, qu'on appeloit semelle, mais aujourd'hui on l'a réduite à un gramme, qui est l'unité des poids du nouveau systême, et qui représente 18,841 grains.

Les substances qu'on emploie à la séparation des métaux étrangers alliés à l'or et à l'argent, sont le plomb et le bismuth; cependant ce dernier a quelques inconvéniens qui l'ont fait abandonner.

Pour mieux concevoir les effets de ces métaux dans la coupellation , il faut d'abord savoir
que le plomb est un métal très-fusible , facile à
oxider , dont l'oxide, par sa propriété fon-
dante, vitrifiable et pénétrante , favorise l'oxi-
génation du cuivre, métal le plus communément
uni avec l'or et l'argent , et l'entraine avec lui
dans la coupelle.

Ce n'est pas assez de savoir qu'il faut du
plomb pour enlever le cuivre à l'or et l'argent,
il est nécessaire de déterminer, au moins d'une
manière approchée , la quantité la plus convenable de ce métal, car elle doit augmenter dans
une certaine raison avec le cuivre. On y parvient
par l'habitude et le tâtonnement ; c'est ordinairement par la couleur, la pesanteur, le son ,
l'élasticité, et sur-tout par le changement de
couleur que le métal prend à la chaleur rouge,
que l'on juge à-peu-près de son titre , et que
l'on établit la dose de plomb à employer ; la
résistance qu'il oppose à la lime, la couleur que
prend la surface limée , sont encore des indices
bons à consulter, et celui qui a de l'exercice
dans ce genre de travail ne se trompe pas d'une
grande quantité. Plus l'argent et l'or sont alliés
de cuivre, plus leur couleur tire sur le rouge ,
moins leur pesanteur spécifique est grande , plus
ils ont d'élasticité, plus ils brunissent au feu, plus
la dureté et la résistance à la lime augmentent,

Coupellation de l'argent.

Si ce métal contient un vingtième, ou 0,05 de cuivre, il faudra employer quatre fois et demie autant de plomb que de métal allié ; mais s'il en contient 0,20, il faudra en mettre au moins 11 parties. La quantité de plomb doit, comme il est sensible, augmenter comme le métal étranger ; de-là il suitque souvent il arrive qu'on est obligé den'opérer que sur le demi-gramme, lorsque l'argent est tellement chargé de cuivre, qu'il exige 15 ou 16 parties de plomb, par exemple ; à moins qu'on n'emploie dans ce cas des coupelles deux fois plus grandes que pour l'argent qui ne contient qu'un vingtième de cuivre, car les coupelles ne peuvent guères absorber plus que leur poids d'oxide de plomb ; sans cela le surplus resteroit à la surface de ce vase, ou sortiroit par le fond de la coupelle et la feroit adhérer à la moufle.

On pourroit cependant éviter ce dernier inconvénient, en mettant la coupelle contenant la matière sur une autre coupelle renversée qui absorberoit le plomb surabondant à la capacité de la première. L'essai n'a pas eu assez de plomb lorsque le bouton du retour est plat, que ses bords sont aigus, et qu'il présente à sa surface des taches grisâtres.

Lors donc que la quantité de plomb nécessaire pour la coupellation de l'espèce d'argent dont on veut connoître le titre, a été approximée par les moyens indiqués plus haut, on place sa coupelle dans la moufle du fourneau (1); on charge ce dernier de charbons d'une moyenne grosseur, et quand on juge que la chaleur est suffisamment élevée, ce qui a lieu ordinairement au bout d'une heure, ce qu'on reconnoît au rouge légèrement blanc des coupelles, on y met le plomb. Dès qu'il est découvert, et que sa surface est bien brillante, on y place avec soin, à l'aide d'une pincette, l'argent enveloppé dans un cornet de papier (2). Si le plomb est suffisamment chaud, l'argent se fond promptement, la matière se découvre et s'éclaircit, l'on voit se former sur la matière en fusion des points plus lumineux, qui se promènent à sa surface et tombent vers la partie

---

(1) Pour charger le fourneau il faut employer du charbon qui ne soit ni trop petit, ni trop gros : dans le premier cas ce combustible, en se réunissant trop intimement, ne laisseroit pas d'espaces assez grands au passage de l'air, et la chaleur ne s'éleveroit point au degré nécessaire; dans le second cas, les espaces seroient trop grands, et il passeroit une grande quantité d'air qui ne serviroit pas à la combustion, et qui ne feroit qu'enlever une portion de chaleur. Il faut donc prendre un terme moyen.

(2) Quelques personnes ont conseillé d'envelopper la matière à essayer dans le plomb réduit en lame mince, dans l'intention d'éviter l'effervescence et le pétillement que produit quelquefois le papier.

inférieure, et une fumée s'élever et serpenter dans l'intérieur de la moufle. A mesure que la coupellation avance, *l'œuvre* s'arrondit davantage, les points brillans deviennent plus grands, et sont agités d'un mouvement plus rapide. Il est toujours utile que l'essai ait plus chaud au commencement de l'opération, sur-tout si la matière est à un titre bas ; mais il est dangereux que la chaleur soit trop élevée sur la fin, parce qu'une portion d'argent se volatiliseroit, et le bouton de retour courroit le risque de rocher (1). Ce sont deux causes puissantes de déperdition, qu'il faut éviter avec soin lorsqu'il s'agit de prononcer d'une manière ri-

---

(1) On reconnoît que la chaleur est trop forte, lorsque la couleur de la coupelle est blanche, qu'on ne voit point serpenter la fumée dans l'intérieur de la moufle, ou que cette fumée s'élève trop rapidement jusqu'à la voûte de la moufle ; l'essai n'a point assez chaud quand la fumée paroît pesante, obscure, que son mouvement est lent, et que sa marche se dirige presque parallèlement au fond de la moufle. On s'aperçoit encore que l'essai n'a point eu assez chaud quand il reste sur les côtés du bassin un bourrelet de litharge ou de petites lames jaunâtres de la même matière.

On augmente la chaleur en mettant sur le devant de la moufle un ou deux charbons allumés, et en rapprochant la porte de l'ouverture du fourneau : on diminue au contraire le trop grand feu, en plaçant près des coupelles où sont contenus les essais, d'autres coupelles froides, qu'on remplace par d'autres, s'il est nécessaire.

Mais la meilleure manière d'éviter l'excès dans l'un et l'autre cas, c'est d'avancer ou de reculer les coupelles dans

goureuse sur la quantité de fin que contient le
lingot ou tout autre ouvrage allié. Il faut donc,
lorsque les deux tiers environ de l'essai sont pas-
sés, rapprocher la coupelle sur le devant du
fourneau, de sorte qu'il n'ait justement que la
chaleur nécessaire pour bien présenter tous les
signes de l'*éclair*. On appelle ainsi, ou encore
fulguration, *coruscation*, le mouvement rapide
dont est agité le bouton, lorsque les dernières
portions de plomb s'évaporent, qu'il présente sur
toute sa surface des rubans colorés de toutes les
nuances de l'iris, qu'il se fixe ensuite en devenant
terne, et qu'il s'éclaircit immédiatement après,
par la disparution d'une espèce de nuage qui
sembloit couvrir sa surface. On reconnoît qu'un
essai est bien passé, lorsque le bouton de retour
est bien arrondi, qu'il est blanc clair, et cristallisé
en dessous; enfin, qu'il se détache facilement du
bassin de la coupelle lorsqu'elle est froide(1). S'il

la moufle, quand on en a la facilité, c'est-à-dire qu'il n'y
a pas un trop grand nombre d'essais dans le fourneau. En
général, pour pouvoir gouverner ses essais et être sûr de
leur exactitude, il ne faut jamais les passer sur plus de
deux rangées, et attendre même que la première soit à
moitié passée pour mettre le plomb dans la seconde. On a
soin de mettre dans le fond de la moufle une provision de
coupelles, pour les avoir toujours chaudes à mesure qu'on
en a besoin.

(1) Le fond du bassin de la coupelle est d'un jaune citrin
lorsque l'or ou l'argent ne contiennent pas de cuivre ou
très-peu. Au contraire, il a une teinte grise plus ou moins

restoit du plomb dans l'argent, le bouton, au lieu d'être blanc mat et grenu en dessous , seroit au contraire brillant et comme miroité, il n'adhéreroit point du tout à la coupelle.

Cependant, comme il est très-difficile, à moins qu'on ait une grande habitude, de saisir le degré de chaleur convenable pour l'essai de tel ou tel argent, il est toujours sage d'en faire deux essais, qu'on a soin de placer aux deux côtés de la mouffle , ou de les faire dans deux opérations différentes , afin que les causes de déperdition qui pourroient agir sur l'un n'influent pas sur l'autre , et que l'on puisse conséquemment avoir une garantie de l'exactitude de l'opération. Si les deux boutons sont égaux, ou s'ils ne diffèrent que d'un millième, par exemple, on peut regarder l'opération comme ayant été bien faite ; mais s'il y avoit plusieurs millièmes, il faudroit la recommencer jusqu'à ce qu'on fût parvenu à cette précision indispensable, s'il s'agit sur-tout de prononcer sur le titre d'une grande masse d'argent, et d'en garantir le titre par l'apposition d'un paraphe.

Il n'est pas nécessaire d'avertir qu'il faut peser

---

foncée , lorsqu'ils en contiennent. Si la matière recèloit d'autres substances métalliques , excepté le bismuth , elles ne passeroient point, elles resteroient, au contraire, sur les côtés du bassin sous la forme de scories , différemment colorées , suivant l'espèce de métal. Le fer donne une scorie noire, l'étain une matière grise , le zinc un bourrelet jaunâtre , etc.

avec beaucoup d'exactitude l'argent que l'on sou-
met à l'essai , car la moindre négligence pourroit
apporter plusieurs millièmes en plus ou en moins ,
ce qui deviendroit d'une conséquence assez considérable sur une grande quantité de matière. Il
n'est pas moins important de ne pas employer
dans la pesée de trop petits fragmens de matière,
parce qu'ils peuvent s'échapper sans qu'on s'en
aperçoive , en les enveloppant dans le papier ,
ou être emportés , lorsqu'on place le cornet dans
la coupelle , par le courant d'air qui s'établit , ou
le pétillement qui a lieu quelquefois lorsque le
papier s'enflamme (1).

La pureté du plomb n'est pas une chose dont
la considération doive être négligée ; on conçoit
en effet que s'il contenoit des quantités notables
d'argent , comme cela arrive souvent , il ajou-
teroit à la matière une quantité de fin qui n'y
existoit pas (2). On pourroit cependant se servir

_____

(1) Il arrive souvent que les ouvrages des orfèvres viennent
à la marque, encore chargés ou de la terre dans laquelle ils
ont été moulés , ou de la ponce et de l'huile avec lesquels
on les a polis. Dans ce cas , il faut avoir soin de nettoyer
leurs languettes et leurs bavures avant de les peser , soit en
les recuisant , soit en les limant ; ou , ce qui vaut encore
mieux , ne pas les recevoir qu'ils ne soient propres ; car on
trouveroit un titre plus bas que celui où est véritablement
la matière , ou l'on perdroit un temps considérable à nettoyer tous ces objets.

(2) M. Sage annonce que le plomb le plus pauvre contient
encore $\frac{4}{1}$ de grain d'argent par livre.

de ce plomb si on n'en avoit pas d'autre; il suffiroit de passer dans une coupelle à part une quantité de ce plomb égale à celle qu'on auroit employée pour l'essai de l'argent, et de mettre le
grain qui en proviendroit dans la balance du côté
des poids, lorsqu'on peseroit le bouton de retour.
Une remarque qu'il ne faut jamais perdre de vue,
c'est qu'en général, lorsque l'argent est à un bas
titre, il a besoin d'une chaleur plus forte, dans
le commencement sur-tout, que l'argent fin; celui-ci, au contraire, en n'exigeant environ qu'une
partie et demie de plomb, demande en même-
temps moins de chaleur, principalement vers la
fin de la coupellation. Le plomb n'agissant sur
les métaux étrangers à l'or et à l'argent qu'en
s'oxidant, il s'ensuit qu'il est indispensable de
donner à l'air un libre accès dans l'intérieur de
la moufle; mais il faut qu'il soit sagement admi-
nistré et modifié suivant les circonstances, dont
il est réservé à l'artiste exercé de pouvoir saisir
les nuances imperceptibles aux yeux encore no-
vices dans ce genre de travail. C'est en éloignant
plus ou moins la porte du fourneau, qu'on peut
remplir cet objet.

Tels sont les principes et les applications que
l'on doit en faire, pour exécuter avec précision
l'opération de la coupellation de l'argent.

Coupellation de l'or.

Quoiqu'il faille faire subir à l'or l'opération de la coupellation pour en connoître exactement le titre, cependant, si on se contentoit de le soumettre à la coupellation, simplement avec du plomb comme l'argent, l'on ne parviendroit qu'avec beaucoup de peine à en séparer les métaux étrangers qui y seroient alliés, et en particulier le cuivre : car il adhère si fortement à l'or, qu'il ne peut qu'avec une extrême difficulté s'oxider et se vitrifier avec l'oxide de plomb. Ainsi, au lieu de mettre simplement l'or avec le plomb dans la coupelle, on y mêle de l'argent, dont la quantité doit varier suivant le titre présumé de l'or; titre que l'on apprécie non-seulement par les moyens indiqués plus haut pour l'argent, mais encore par l'essai à la pierre de touche, en le comparant avec des alliages dont les titres sont connus.

Lorsque l'or est fin, c'est-à-dire qu'il contient, par exemple, 997, 998, 999 parties de fin, sur 1000, la quantité d'argent à ajouter doit être de trois parties, et c'est ce qu'on appelle inquartation. Mais s'il recèle 200, 250, 300 parties de cuivre, deux parties d'argent fin suffisent. S'il est nécessaire que la quantité d'argent diminue en raison inverse de la pureté de l'or, celle du plomb, au contraire, doit s'élever dans la raison opposée. Il est aisé de sentir, en effet, que quand

l'or est fin où presque fin, le plomb est autant
utile pour favoriser la fusion de l'or et de l'argent, que pour l'affinage; mais il n'en doit pas
être de même lorsque l'or contient beaucoup de
cuivre; et si, par exemple, il est à 750 millièmes
de fin, 24 fois son poids de plomb sont nécessaires à sa purification, et ainsi proportionnellement.

Quant à l'essai de l'or fin, comme il n'exige
pas une si grande quantité de plomb, il peut être
fait sur le gramme entier; mais celui de l'or bas,
par la raison contraire, ne peut avoir lieu que
sur un demi-gramme, à moins d'employer une
coupelle deux fois plus grande.

L'essai de l'or a besoin d'une plus grande chaleur que celui de l'argent; mais heureusement il
ne craint point cette épreuve, et il ne se sublime
point comme l'argent. Après donc avoir pesé
l'or avec les précautions requises, on l'enveloppe
dans un cornet de papier avec la quantité d'argent convenable, et on le place dans la coupelle,
où le plomb doit être bien découvert et bien
chaud; alors l'or et l'argent se fondent, et les
phénomènes qui ont été décrits pour l'argent ont
également lieu ici. Les précautions que nous avons
recommandées pour l'essai d'argent ne sont pas
si nécessaires ici, c'est-à-dire qu'il est inutile, et
quelquefois même nuisible, de rapprocher vers
la fin la coupelle sur le devant de la moufle, et
qu'on ne risque point, en retirant le bouton en-

core rouge du fourneau, qu'il roche ou s'écarte comme le bouton d'argent. Cependant il est toujours prudent de le laisser un peu refroidir ; car, à la rigueur, il peut aussi *végéter*, et alors l'essai seroit manqué. Quand l'essai est bien passé et qu'il est refroidi, on l'aplatit sur l'enclume à petits coups de marteau, on le recuit soit en le plaçant sur un charbon au feu de lampe, soit à travers les charbons allumés, soit enfin dans la moufle du fourneau de coupelle, en prenant garde qu'il ne fonde ; on le passe ensuite au laminoir pour lui donner la forme d'une lame d'un sixième de ligne tout au plus d'épaisseur, on recuit une seconde fois cette lame métallique, et on la roule sur elle-même en forme de *cornet* ou de *spirale*.

Le laminage et le recuit sont deux opérations nécessaires au succès de l'essai, et qui exigent quelques précautions : 1°. la lame ne doit être ni trop mince ni trop épaisse ; dans le premier cas on courroit risque que par le mouvement que lui communique l'eau-forte avec laquelle on la fait bouillir, elle ne se brisât, ce qui apporteroit des difficultés pour l'exactitude de l'opération ; dans le second cas, au contraire, il y auroit à craindre que l'épaisseur trop considérable de la lame ne permît pas à l'eau-forte de pénétrer jusqu'à son centre et d'enlever jusqu'à la dernière molécule d'argent ; 2°. le recuit de la lame, en même-temps qu'il lui donne plus de liant et facilite sa circonvolution autour d'elle-même sans se briser ni se

gercer, ouvre les pores du métal que la pression
du laminoir avoit resserrés, et favorise par-là
l'action de l'eau-forte.

Ces dispositions ayant été faites, on met le
cornet dans un petit matras en forme de poire,
c'est-à-dire dont le col va en diminuant insensi-
blement depuis la panse jusqu'à l'extrémité, on
verse, par-dessus, de l'eau-forte à vingt-deux
degrés, jusqu'à ce que le matras, qui contient
ordinairement 72 grammes, soit rempli à moitié
ou aux deux-tiers : on le place ensuite sur des
charbons allumés, couverts d'une légère couche
de cendre, afin d'éviter que par une chaleur trop
brusque le vase ne casse. Depuis l'instant où la
liqueur entre en ébullition, jusqu'à celui où
l'opération doit être finie, quinze à vingt minutes
sont nécessaires. Cette opération s'appelle départ
humide ; pendant qu'elle a lieu il se dégage une
vapeur rouge qui est l'effet de la dissolution de
l'argent par l'acide nitrique ou eau-forte. Le cornet change de couleur, il devient brunâtre, il
perd de sa solidité et de sa consistance, ce qui
est facile à concevoir par les espaces que laissent
les parties d'argent dissoutes. Lorsque l'eau-forte
a ainsi bouilli pendant vingt minutes sur l'or, on
décante avec soin la dissolution, en prenant
garde que le cornet ne tombe ; on y remet à
peu-près le même volume que la première fois,
d'eau-forte à 32 degrés, pour enlever les dernières
portions d'argent qui pourroient rester encore

dans l'or. On fait bouillir une seconde fois, pendant sept à huit minutes, on décante cette nouvelle eau-forte comme la première, et on remplit le matras avec de l'eau distillée ou de rivière bien pure.

On place alors un petit creuset à recuire sur l'ouverture du matras, et l'on renverse avec beaucoup de précaution ce matras de bas en haut : par ce moyen le cornet descend dans le creuset, à travers l'eau, qui supporte une partie de son poids et l'empêche de se briser. On élève ensuite un peu le matras, et on le retourne avec célérité et dextérité, de manière que l'eau n'ait pas le temps de tomber en assez grande quantité pour remplir le creuset et renverser par-dessus les bords. On verse l'eau du creuset en prenant garde de laisser échapper le cornet ou quelques fragmens qui pourroient s'en être détachés, et on fait recuire le cornet dans le creuset couvert, au milieu des charbons ou dans la moufle du fourneau de coupelle.

Le cornet qui avoit, au sortir de l'eau-forte, une couleur brune de cuivre oxidé, une fragilité très-grande, diminue de volume, devient ductile, et recouvre sa couleur et son éclat métallique par cette opération. La seule chose qui reste à faire alors pour conduire l'essai à sa fin, c'est de peser le cornet, pour déterminer le titre de la matière essayée, par la diminution qu'il a éprouvée. Quoique les essais d'or ne soient pas si sujets à perdre ni à gagner que les essais d'argent , néanmoins il est bon de les faire doubles ; et lorsque les deux cornets sont parfaitement égaux, on peut être assuré que l'opération a été bien faite. Mais s'il y avoit entr'eux une différence sensible, il faudroit recommencer.

Essai des Lingots de doré, et d'or chargé d'argent.

On n'a parlé jusqu'ici que de deux cas, les plus communs à la vérité, savoir, de l'alliage de l'argent avec le cuivre, de l'alliage de l'or avec le même métal ; mais il en est deux autres qui méritent quelque considération. L'un, c'est lorsque, dans une grande quantité d'argent, il ne se trouve qu'une très-petite quantité d'or; c'est ce qu'on appelle du *doré*, et l'essai qu'on en fait se nomme *essai de doré* ; l'autre, c'est quand, dans une grande quantité d'or, il existe une petite proportion d'argent qu'il faut déterminer. S'il n'y avoit que ces deux métaux alliés dans le cas que nous venons citer, l'essai en seroit fort simple ; il suffiroit de faire dissoudre le premier dans l'eau-forte pure, et d'ajouter de l'argent au deuxième pour le coupeller en-suite avec le plomb; mais presque toujours il y a en même temps avec eux une certaine quantité de cuivre qu'il faut enlever par la coupellation. Si c'est du doré, par exemple, que l'on ait à essayer, il ne sera point nécessaire d'y

ajouter de l'argent, puisque la plus grande partie
de sa masse en est formée ; mais il faudra, après
l'avoir déterminée par approximation à l'aide des
moyens exposés ci-dessus, y mettre la quantité
de plomb convenable, et procéder à la coupellation comme pour les essais d'argent ordinaires : quoiqu'il contienne de l'or, il faut se
garder de donner aussi chaud que pour l'essai
de ce métal, le seul qu'on ait alors en vue,
tandis qu'ici il faut nécessairement connoître les
quantités relatives d'or et d'argent qui composent
le lingot de *doré*. Lorsque le bouton est passé
avec toutes les conditions qui caractérisent un
bon essai, on en fait le retour avec soin à la
balance, et on prend note de son poids, lequel
donne la quantité d'alliage qu'il contenoit : on
aplatit ensuite ce bouton sous le marteau, on
le fait recuire, et on le met dans un petit matras
en poire, à ouverture étroite ; on verse par-dessus
de l'eau-forte pure à 22 degrés, et on le fait
légèrement bouillir jusqu'à ce qu'il ne reste plus
qu'une poussière au fond de la liqueur. Alors on
laisse reposer pendant quelque temps, pour que
les parties de l'or se rassemblent au fond. On
décante ensuite la liqueur claire avec beaucoup
de précaution, on remet une nouvelle dose
d'eau-forte plus concentrée que la première, et
on le fait encore bouillir pendant quelques minutes. Après avoir laissé déposer la poussière
d'or, on verse l'eau-forte comme la première

fois, on remplit le matras d'eau pure, on renverse l'ouverture du matras dans un petit creuset
à recuire ; et lorsque toutes les particules d'or
sont descendues dans le creuset, ce qu'on accélère en frappant doucement sur le matras,
on élève légèrement ce vase et on le retourne
avec beaucoup d'attention pour ne pas donner
un trop grand mouvement à l'eau, et ne pas faire
sortir l'or du creuset avec l'eau qui indubitablement l'entraîneroit.

On laisse également reposer l'or au fond du
creuset, on agite même de quelques légers coups
ce vaisseau, pour faciliter la précipitation de l'or
en le détachant de ses parois remplies d'aspérités
qui le retiennent ; alors on décante l'eau très-
doucement, et on fait recuire le métal , comme
il a été dit à l'article de l'essai de l'or.

La quantité d'or obtenue donne celle d'argent,
puisqu'on connoissoit auparavant celle des deux
métaux : il suffit donc de la soustraire de la somme
totale du bouton de retour.

Le nombre des millièmes d'or trouvés dans le
gramme soumis à l'essai représentent autant de
grammes par kilogramme de la matière ; et l'on
trouvera la quantité qu'il y en auroit par marc,
en multipliant les parties aliquotes de ce poids,
c'est-à-dire les grains, par le nombre de millièmes trouvés dans le gramme , et en divisant ensuite le produit par le gramme, qui, comme on
sait, est formé de 18 grains et de 841 millièmes de

grain. L'on a par ce moyen la quantité de millièmes contenus dans un marc, qu'il suffit ensuite de diviser par 53,07 pour les convertir en grains poids de marc; ou, si l'on veut, pour éviter les longues divisions, on prendra l'once au lieu du marc, et on multipliera ensuite le quotient obtenu par 8, ce qui reviendra au même.

Quant au cas où de l'or contiendroit de l'argent dont on desireroit avoir le rapport, après l'avoir estimé à-peu-près par la pierre de touche, il faudroit y ajouter la dose d'argent capable de former l'inquartation, et le coupeller avec la quantité de plomb convenable, d'après l'indice acquis de la quantité d'alliage qu'il contient; peser le bouton de retour, et agir du reste comme pour l'essai de l'or ordinaire. Il faut ici seulement défalquer de la quantité d'argent trouvée par le poids de l'or, celle de l'argent qu'on y a mise.

De l'Essai de l'Or contenant du Platine.

La cupidité a quelquefois exercé son génie malfaisant pour introduire dans l'or et dans l'argent une proportion de platine, telle que sa présence fût insensible à l'œil, et telle cependant, qu'elle lui fournit un gain d'autant plus coupable qu'il est plus illicite.

Les Essayeurs doivent être d'autant plus en garde contre ce genre de fraude, que le métal qui en est l'objet jouit de quelques propriétés

communes à l'or et à l'argent : comme eux, il
résiste à l'action du plomb par la coupellation,
et repoussé même en partie celle de l'eau-forte
dans l'opération du départ.

Je vais présenter ici le résultat de mes observations sur cet objet ; quoiqu'il ne soit pas aussi
complet qu'il seroit à désirer, j'espère cependant
qu'il suffira aux Essayeurs attentifs pour reconnoître la présence du platine dans l'or et dans l'argent.

De l'Or allié de Platine.

J'ai fait quatre alliages principaux plusieurs
fois répétées, dans lesquels il y avoit depuis 10
jusqu'à 250 millièmes de platine de son alliage
avec l'or fin, et après y avoir mis trois parties
d'argent, je les ai coupellés avec la quantité de
plomb suffisante.

J'ai suivi avec attention ces essais depuis le
commencement jusqu'à la fin de l'opération, pour
saisir, s'il m'étoit possible, tous les phénomènes
qu'ils présenteroient, établir ensuite, par la comparaison, les différences qui pourroient exister
entr'eux et les essais ordinaires, et mettre enfin
l'Essayeur dans le cas de pouvoir reconnoître la
présence du platine dans l'or et l'argent.

Première Remarque.

Lorsque le platine est seulement à l'or dans le
rapport de 0,020, il faut une chaleur beaucoup
plus forte qu'à l'or pour que cet alliage puisse

passer, et que le bouton soit rond : sans cela il s'aplatit, et sa surface devient raboteuse.

Seconde Remarque.

Au moment où l'essai passe, le mouvement est plus lent, et en quelque sorte plus pâteux ; les bandes colorées sont moins nombreuses, plus obscures et durent moins long-temps.

Troisième Remarque.

Un phénomène plus remarquable que les précédens, et plus propre en même temps à servir de preuve de l'existence du platine, c'est qu'après avoir présenté foiblement les couleurs de l'iris, l'essai ne se découvre point, et sa surface ne devient pas brillante comme celle des essais d'or et d'argent ; elle reste, au contraire, mate et terne.

Quatrième Remarque.

Quand l'essai contenant du platine a eu assez de chaleur pour bien passer, si on l'examine avec attention, l'on remarquera que les bords du bouton sont plus épais et plus arrondis que ceux des essais communs, que sa couleur est d'un blanc plus mat et tirant un peu sur le jaune, et que sa surface est en tout ou en partie cristallisée.

A la vérité, ces effets varient en intensité suivant les proportions où se trouve le platine avec les autres métaux ; mais ils sont sensibles même à la dose de dix millièmes, et il est probable que la fraude ne pourroit avec avantage introduire ce métal dans l'or beaucoup au-dessous de ce terme; car les soins que cette opération exigeroit, et les dangers auxquels s'exposeroit celui qui la feroit, ne l'indemniseroient pas suffisamment.

Les boutons composés d'or, d'argent et de platine, se forgent assez facilement, et il seroit difficile de reconnoître leur altération par cette seule opération mécanique: ils se laminent aussi très-aisément; cependant les lames qui en proviennent ont plus de roideur et d'élasticité que celles des essais d'or.

Cinquième Remarque.

Il y a aussi quelques remarques à faire lorsqu'on passe les cornets à l'eau-forte. Si le platine excède 20 millièmes, la liqueur prend une couleur jaune de paille qui augmente avec la quantité de platine; mais au-dessous de ce terme l'eau-forte ne donne pas de signes sensibles de coloration.

Sixième Remarque.

Pendant le départ les cornets prennent une couleur verte brunâtre, s'ils contiennent du platine au-delà de 120 millièmes, et seulement deux fois et un cinquième leur poids d'argent : cette couleur ne se manifeste pas d'une manière bien distincte au-dessous de 20 millièmes.

On éprouve beaucoup de variations relativement à la couleur et à la *surcharge* ou augmen-

tation des cornets après le départ et le recuit ;
variations qui paroissent dépendre, 1°. de l'épaisseur plus ou moins grande que l'on donne à la
matière par le laminage ; 2°. du recuit plus ou
moins fort qu'ils subissent ensuite ; 3°. du degré
des eaux-fortes employées au départ ; 4°. enfin
à la proportion relative de chacun des métaux
qui entrent dans l'alliage.

Lorsque le platine ne s'élève pas au-dessus
d'un dixième, l'on peut parvenir, à l'aide d'un
laminage mince et d'un recuit un peu fort, à enlever la totalité de ce métal à l'or, sans même
employer d'autres moyens que ceux qui sont en
usage pour les essais d'or fin ; mais s'il passe cette
limite, il est extrêmement difficile de l'emporter
complètement ; et si la dose va jusqu'au quart
de l'or, la chose devient absolument impossible
par la méthode ordinaire.

Tillet, dans un mémoire très-détaillé sur la manière dont se comporte avec l'eau-forte le platine
allié à l'or et à l'argent, assure qu'il est toujours
parvenu à séparer exactement ce métal étranger,
en laminant mince, en employant l'acide d'abord
foible, ensuite plus fort, et en faisant bouillir
long-temps trois fois de suite. Tout en convenant
que ces dispositions sont favorables au but pro-
posé, je pense cependant que la chose est impra-
ticable lorsque la proportion de platine passe un
dixième de son alliage avec l'or, et qu'on n'emploie
que la quantité d'argent accoutumée.

J'ai fait plusieurs essais à 10, à 20, et même 40 millièmes de platine, et je n'ai pas eu de *surcharge* dans le cornet, en suivant les procédés usités ; mais à 100 millièmes j'ai eu une augmentation de quelques millièmes ; et lorsque le rapport du platine va jusqu'à 250 millièmes, la surcharge s'est élevée beaucoup plus haut encore, quoique ces derniers eussent été traités absolument comme les précédens.

Je ne donnerai ici aucune explication de la cause pour laquelle il y a dans un cas dissolution complète du platine, et seulement dissolution partielle et surcharge dans l'autre ; cela seroit peu important pour l'essayeur qui ne cherche que le résultat, sans s'embarrasser de la puissance qui le produit ; il suffit qu'il sache que quand le platine ne surpasse pas les 30 à 40 millièmes de son alliage avec l'or, ce dernier n'en garde point si le départ est fait avec les précautions nécessaires ; que lorsque ce métal est au-dessus de ce terme, la fraude devient trop sensible et trop évidente pour qu'il ne s'en aperçoive pas, 1°. par la plus grande chaleur que l'essai demande pour passer et prendre une forme arrondie ; 2°. par l'absence de l'éclair ; 3°. par la surface cristallisée et la couleur blanche et mate du bouton ; 4°. par la couleur jaune de paille plus ou moins foncée qu'il communique à l'eau-forte pendant le départ ; 5°. enfin par la couleur jaune pâle, et tirant au blanc, du cornet, quand il est recuit.

Je dirai seulement, d'après des expériences
positives plusieurs fois réitérées, que si le platine
fait le quart de l'or, il faut y mettre au moins
trois fois le poids de l'alliage d'argent fin, lami-
ner mince, recuire un peu fort, faire bouillir pendant une demi-heure dans la première eau-forte,
et au moins un quart-d'heure dans la deuxième,
pour que l'acide puisse dissoudre la totalité du
platine. On verra un exemple de cette assertion
à l'article de l'essai du doré qui suit.

De l'Essai du Doré soupçonné contenir du Platine.

C'est particulièrement sur les lingots de doré
que la mauvaise foi a cherché à tromper, en intro-
duisant du platine dans ces métaux, parce qu'elle
s'est imaginée que l'or restant le plus souvent en
poussière, masqueroit en quelque sorte, sans s'altérer lui-même, la présence du platine, et que
l'essayeur pourroit par-là tomber dans une erreur
préjudiciable à l'acheteur, s'il ne se tenoit en
garde contre ce délit.

Pour savoir à quoi s'en tenir à ce égard, j'ai
composé un lingot avec 98 millièmes d'or fin,
5o de platine et 854 d'argent.

Après avoir fondu deux fois, forgé et laminé
ce lingot, plusieurs essais ont été pesés et coupellés à l'ordinaire ; l'œuvre a bien passé, mais
il n'a point été agité de ce mouvement rapide
que présentent les essais de doré, les couleurs

de l'iris n'ont point été aussi vives, et l'éclair n'a pas eu lieu ; les boutons étoient plus arrondis, leurs bords plus épais, et leur surface parfaitement cristallisée: ces boutons laminés et recuits ont passé à l'eau-forte suivant les règles prescrites ; bientôt celle-ci a pris une couleur jaune, le cornet s'est réduit en poudre dans laquelle on remarquoit quelques particules plus foncées en couleur et plus légères.

Les poussières lavées et recuites avoient une couleur jaune tirant un peu sur le brun, et on y distinguoit facilement, à l'aide d'une loupe, des parties noirâtres qui ressembloient à du platine divisé. Ces essais avoient augmenté de trois millièmes. Ainsi l'on voit que malgré la grande division de l'or par l'argent, qui devroit permettre à l'eau-forte de prendre tout le platine, il en reste cependant une petite quantité qui augmente le poids de l'or.

Ce fait deviendra facile à concevoir, lorsque je ferai connoître les phénomènes qui ont lieu pendant la dissolution de l'alliage de l'argent seul avec le platine.

Désirant savoir ce qui arriveroit dans le cas où l'or seroit assez abondant dans un lingot altéré de platine, pour conserver, pendant le départ, la forme de cornet, j'ai ajouté au lingot précédent une quantité de ce métal qui en portoit le rapport à 182 millièmes et réduisoit celui du platine à 45 ou aux 0,250 millièmes de son alliage avec l'or.

Les effets de la coupellation furent à-peu-près les mêmes; mais ceux du départ différèrent beaucoup : l'eau-forte étoit plus transparente, l'or resta en cornet, sa couleur paroissoit assez naturelle avant et après le recuit : ils n'avoient en effet acquis aucune augmentation ; car les uns pesoient 182, et les autres 181 et demi fort.

L'or ne conserve donc pas de platine lorsqu'il est divisé par une quantité convenable d'argent, quoique le platine soit ici à l'or comme un à deux.

Mais quand même le résultat de ces essais ne seroit pas aussi satisfaisant qu'il l'est ici, il ne seroit pas possible, par tous les caractères différenciels que présente la matière pendant la série d'opérations qu'on lui fait subir, que l'Essayeur méconnoisse la falsification : la manière dont l'essai passe, la surface et la couleur du bouton, celle de l'eau-forte, du cornet, etc., sont autant de signes qui ne peuvent échapper à l'artiste exercé et observateur, et qui lui serviront sans équivoque à reconnoître l'existence du platine dans le doré.

De l'Essai de l'Argent contenant du Platine.

Quoiqu'il soit peu vraisemblable que la fraude introduise jamais le platine dans l'argent, à cause du peu de différence entre le prix de ces deux métaux et du changement remarquable qu'il fait éprouver aux propriétés de l'argent, j'ai cru cependant devoir faire quelques essais relatifs à cet objet.

Un assez grand nombre d'essais faits depuis les limites de 5 jusqu'à 250 millièmes de platine sur son alliage avec l'argent, ont présenté les phénomènes suivans. Lorsque le platine n'excède pas 50 millièmes, l'essai passe facilement, les couleurs de l'iris se manifestent sans être cependant aussi vives que dans un essai d'argent ordinaire ; mais au-dessus de 100 millièmes, il ne fait point l'éclair. Quelque petite même que soit la quantité de platine, ce phénomène n'est pas aussi complet.

On a vu plus haut que la présence du platine dans l'or donnoit à l'essai la propriété de cristalliser : cet effet est encore plus sensible pour l'argent ; car, pour peu qu'il contienne de ce métal, la surface du bouton de retour est plus ou moins complètement cristallisée, ses bords sont plus arrondis, et sa couleur d'un blanc plus mat et tirant sur le jaune. Ces phénomènes vont en croissant comme la proportion de ce métal étranger ; mais il y a un terme où l'essai ne passe point complètement, à moins qu'il n'ait une chaleur considérable, c'est lorsque le platine fait le quart de l'alliage. Dans ce cas, avant même que la totalité du plomb soit dissipée, il s'aplatit comme une pièce de

monnoie, sa surface est raboteuse, et présente
à la loupe une foule de végétations qui sont
dues à une véritable cristallisation : sa couleur
est grise et terne. Pour que l'essai d'un alliage
de platine et d'argent puisse passer facilement, il
faut que ce dernier métal en fasse au moins les
quatre cinquièmes, sans cela il retient constamment une portion de plomb, s'il n'a pas
eu plus chaud que les essais d'argent.

On voit donc qu'une très-petite quantité de
platine fait cristalliser l'argent, et cette seule
propriété suffiroit, à la rigueur, pour faire
reconnoître sa présence dans ce métal ; mais il
y en a encore une plus certaine, et qui ne laisse
aucune incertitude à cet égard, c'est la dissolution du bouton dans l'eau-forte : quelle que
soit, en effet, la quantité de ce métal contenu
dans l'argent, l'acide prend bientôt une couleur brune, et dépose après la dissolution une
poudre noire due à une portion de platine
très-atténuée.

Ainsi, lorsque la quantité du platine est assez
petite, dans l'argent, pour que la cristallisation
du bouton puisse laisser quelques doutes sur
sa présence, il faut le faire dissoudre dans
l'eau-forte ; et si les phénomènes qui viennent
d'être énoncés se montrent, on peut être convaincu de l'existence du platine.

De l'Opération du Touchau.

Les essais au touchau ont été établis pour les objets d'or dont la légèreté et la délicatesse ne permettent pas d'en prendre, sans les altérer, des quantités suffisantes pour l'essai au fourneau.

L'expérience ayant démontré que ce genre d'essai ne pouvoit donner que des preuves incertaines et équivoques du titre de l'or au-dessus du terme de 750 millièmes de fin, la loi a ordonné que tous les ouvrages qui ne peuvent être essayés qu'à la pierre de touche, soient marqués du poinçon du troisième titre qui exprime 750 millièmes de fin.

L'opération du touchau est celle qui exige le plus d'habitude de comparaison pour saisir le titre, et d'ordre dans la conservation du rapport qui doit exister entre les *touches* et les objets touchés. En effet, si l'Essayeur ne conservoit pas avec le plus grand soin le même arrangement entre les pièces touchées que celui qui existe entres les touches qu'il en a faites sur sa pierre, il courroit les risques de briser de bonnes pièces et d'en passer de mauvaises; inconvénient de la plus haute importance.

Quoique l'eau-forte employée pour le touchau ne doive pas sensiblement attaquer l'or à 750 millièmes, cependant il est sage, lors-

qu'il y a quelques doutes sur le titre d'un
objet, de le comparer au touchau dont le titre
est bien connu; et l'Essayeur, quelle que soit
son habitude en ce genre de travail, ne doit
jamais briser, sans avoir auparavant consulté
ses pièces de comparaison.

Une précaution qui ne doit jamais être négligée, c'est de mordre, autant qu'il se peut,
dans la profondeur de la matière de l'objet que
l'on touche, parce que souvent, ayant été
mis en couleur, sa surface est plus fine que
son intérieur. Il est même bon de faire deux
touches sur le même endroit, afin de comparer l'effet que produira l'eau-forte sur chacune d'elles. Une autre attention non moins
importante, c'est de toucher sur toutes les parties
dont l'ensemble compose un bijou, et d'éviter
en même temps de comprendre la soudure,
lorsqu'il ne s'agit que du corps de l'objet; car
il suffiroit qu'il s'y en trouvât quelques atômes,
pour rendre la touche entièrement mauvaise
et faire couper l'ouvrage. Il est cependant
utile de toucher à part les soudures pour s'assurer si elles ne sont pas à un titre trop bas;
elles doivent être au moins à 12 ou 13 karats.

De l'eau-forte, telle que celle dont j'ai donné
la recette ci-dessus, ne doit pas sensiblement
attaquer l'or à 750; cependant cette inaction est
subordonnée au temps et à la température; car
1°. l'expérience ayant démontré que l'état thermo-

métrique de l'air dans ses extrêmes agit d'une manière sensible sur l'eau-forte et sur la pierre de touche, en exaltant, dans un cas, l'action de l'eau-forte au-delà du terme convenable, et en l'annullant complètement dans l'autre, il est souvent nécessaire, avant de commencer le travail, de faire l'épreuve de l'eau-forte sur les touchaus de comparaison. Si la chaleur de l'air a donné à l'eau-forte trop d'activité, il faudra y ajouter un peu d'eau ; au contraire, si le froid a trop diminué ou même anéanti son action, on relevera sa température ainsi que celle de la pierre, en les exposant pendant quelque temps dans un endroit chaud ou même sur un poële, jusqu'à ce qu'ils aient acquis 10 à 12 degrés. 2°. Si on laisse pendant quelques minutes ces corps en contact, l'or finit par se ternir ; mais en comparant ses effets avec ceux qu'elle produira sur le 708 ou 17 karats, et mieux encore sur le 16, on observera une différence extrêmement sensible. Alors la touche prend sur-le-champ, et presqu'en un clin-d'œil, une teinte brune qui tire peu à peu au verdâtre, et qui ne laisse presque point de trace de métal sur la pierre lorsqu'on l'essuie.

Pour toucher un objet quelconque, on le frotte légèrement sur la pierre, jusqu'à ce qu'il ait formé une couche pleine d'environ deux ou trois millimètres de large, et de quatre de long ; on prend ensuite, au bout d'une plume coupée au-dessus du tuyau, une goutte d'eau-forte, qu'on étend douce-

ment et également sur la trace d'or, et l'on
observe ce qui se passe pendant sept à huit
secondes ; ce temps suffit à l'eau - forte pour
produire son effet, et à l'artiste pour juger du
titre de l'objet. Si la touche conserve sa couleur
jaune et son brillant métallique, c'est une preuve
que l'objet est au titre ordonné par la loi ; mais si,
au contraire, la trace prend une couleur rouge-
brune de cuivre brûlé, et si en essuyant la pierre
il reste beaucoup moins de matière, on peut être
certain que l'objet est mauvais.

Si l'Essayeur a plusieurs pièces à toucher, il
formera sur sa pierre une suite de touches, en
ayant soin de placer sur sa table les objets, à mesure qu'il les aura touchés, et dans le même ordre
qu'ils sont sur sa pierre, afin que, s'il s'en trouve
quelques - uns de mauvais, il puisse les reconnoître et les couper.

Comme l'Essayeur n'a pas le temps d'effacer
les touches à mesure qu'il les éprouve, il aura
soin, après avoir essayé l'ouvrage d'un fabricant, et avant de commencer celui d'un autre,
de tirer une ligne de séparation, pour ne pas
confondre les unes avec les autres. Enfin,
lorsque la pierre sera couverte de touches, il les
effacera, en y mettant de la ponce en poudre
et de l'huile, et en frottant avec un cuir attaché
sur un morceau de bois.

Bijouterie creuse.

Les détails que nous venons de donner ne sont relatifs qu'à la bijouterie pleine, dont toutes les parties sont homogènes ; mais on fabrique aussi de la bijouterie creuse avec des coquilles d'or soudées ensemble par leurs bords.

C'est sur-tout sur cette espèce de fabrication que l'Essayeur doit porter une attention continuelle pour découvrir la fraude, dont elle est plus susceptible qu'aucune autre.

En effet, elle peut être remplie de corps étrangers ou de soudure basse, sans que l'Essayeur puisse s'en apercevoir, s'il se contente de toucher le dessus seulement.

Il est donc de sa prudence de fondre au moins une pièce de chaque sorte d'ouvrage qu'on lui apporte, et de toucher ensuite le bouton résultant de cette fonte, afin de s'assurer s'il est au titre, ce qui est alors facile à reconnoître, toutes les parties étant exactement mêlées. Cependant, s'il ne trouvoit qu'une légère différence entre le titre de ces bijoux ainsi fondus, et celui prescrit par la loi, il ne doit pas les rompre, parce que l'ouvrier le plus habile, et de la meilleure foi, n'est pas toujours le maître de n'employer que la quantité de soudure nécessaire pour que le titre de son ouvrage soit exactement à 750 millièmes de fin.

Mais si cette différence passe 10 millièmes en

moins, l'ouvrage doit être coupé, quoiqu'elle ne produise qu'une perte d'un 100e. sur la valeur intrinsèque de l'objet.

Si l'Essayeur, en rompant les échantillons qu'il a pris pour fondre, trouvoit qu'ils fussent remplis de métaux étrangers tels que du fer, du cuivre ou même de soudure basse, ce qu'on appelle *fourré*, il ne doit pas se contenter de briser, il doit encore en dénoncer les auteurs aux tribunaux, ainsi que l'ordonne la loi.

Touchau pour l'Argent.

On fabrique avec l'argent comme avec l'or, des bijoux qui arrivent finis aux bureaux de garantie, et qui ont une si petite masse, qu'il est impossible d'en tirer des prises d'essai.

On est obligé alors de prendre une, deux ou trois pièces, sur chaque genre d'ouvrage, suivant leur poids, pour les essayer au fourneau.

Mais comme on ne peut pas soumettre toutes les pièces à cette épreuve, et qu'il s'en peut trouver quelques-unes qui ne soient pas au titre, j'ai cherché un moyen qui, comme pour l'or, fît connoître à très-peu-près le titre des bijoux d'argent sans les briser.

Parmi tous les essais que j'ai faits à cet égard, celui qui m'a le mieux réussi, consiste dans l'emploi de touchaux de comparaison comme pour l'or, avec cette différence qu'on ne met point d'eau-forte sur les touches, ni aucun autre liquide.

Ainsi, l'on compose cinq touchaux depuis 700 millièmes de fin jusqu'à 800 millièmes, de manière qu'il n'y ait que 20 millièmes de différence entr'eux : lorsqu'on veut essayer les bijoux d'argent qui ne doivent être marqués qu'au deuxième titre, c'est à 800 millièmes ; on les touche sur la pierre, l'on forme ensuite, près des traces qu'ils y ont laissées, une touche avec l'alliage de comparaison, et l'on juge par la couleur s'ils sont au même titre ou s'ils diffèrent.

La plupart de ces petits bijoux ayant été blanchis, il est nécessaire, pour n'être pas trompé, d'enlever par une première touche la couche superficielle à laquelle on n'a point d'égard ; et d'en former une seconde qui doit seule être examinée.

Quand la pierre de touche est d'un noir foncé et pur, et qu'on a formé des touches bien pleines, la différence de couleur des traces d'argent devient très-sensible pour une différence de moins de 20 millièmes dans le titre, sur-tout en les examinant avec une loupe.

Lorsqu'on a acquis l'habitude de faire ces comparaisons, on arrive à une exactitude presque aussi grande que pour l'or.

Je me suis quelquefois exercé à déterminer, par ce moyen, le titre de différens argents, et je ne me suis jamais trompé de plus de 15 millièmes, précision au-delà de laquelle on ne peut guère se flatter d'arriver, même pour l'or, dont la valeur est environ seize fois plus grande.

Or, le poids des bijoux d'argent les plus gros n'excédant pas 8 grammes, l'erreur de 15 millièmes que l'on peut commettre ne donneroit qu'une différence de cinq centimes dans sa valeur intrinsèque : ce qui peut être négligé.

Manière d'essayer les Monnoies de cuivre.

Comme il peut se rencontrer des cas où les Essayeurs soient chargés de constater par l'expérience le titre des monnoies de cuivre, nous pensons qu'il peut être utile de donner ici un procédé simple, et en même temps exact, pour remplir cet objet.

La monnoie de cuivre peut être altérée par plusieurs substances métalliques moins chères que le cuivre, et dont une petite quantité n'est pas capable de changer les propriétés de ce métal, tellement que la fraude fût facilement sensible à l'œil.

La plupart des métaux qui peuvent s'allier au cuivre en quantité notable, sans en changer considérablement les propriétés, ayant un prix presqu'aussi élevé que le cuivre, il est rare qu'on les emploie dans leur état de pureté, pour les combiner à ce métal. Mais l'on pourroit se servir d'alliages qui ont été formés pour d'autres usages, et qui n'ont pas, dans cet état, une valeur aussi grande que celle du cuivre, telles que les vieilles cloches, de vieux canons, mortiers, qui sont composés de cuivre et d'étain ; de vieilles chaudières, de vieux chandeliers, et en général tous les objets composés de cuivre et de zinc, connus vulgairement sous le nom de cuivre jaune, et dont le prix est assez médiocre.

Tous les autres métaux sont ou trop chers, ou communiquent au cuivre trop de fragilité, ou changent trop visiblement sa couleur, pour que l'on puisse les employer à l'altération des monnoies de cuivre.

C'est donc principalement sur l'étain et le zinc que doit se porter l'attention de l'Essayeur, et que ses recherches peuvent être dirigées.

Pour procéder à l'essai d'une monnoie de cuivre soupçonnée d'altération, on en prend une quantité déterminée, qui doit s'élever au moins à cinq grammes ; on coupe la matière par petits morceaux qu'on introduit dans un matras de la capacité d'environ deux décilitres ; on verse par-dessus six parties d'eau-forte pure, à vingt-quatre ou vingt-six degrés ; on fait bouillir pendant une heure : si le cuivre contient de l'étain, il se formera une poudre blanche ; alors on versera le tout dans un vase de verre ou de faïence, on lavera avec soin le matras, et on étendra la dissolution avec environ un litre d'eau (deux livres) bien claire ; on agitera le tout ensemble, on laissera reposer jusqu'à ce

que la poudre blanche soit entièrement rassem-
blée au fond. On décante ensuite la liqueur
surnageante, qui contient le cuivre, à l'aide d'un
siphon, et on la met dans un vase à part; on
ajoute au dépôt un demi-litre de nouvelle eau,
et l'on agit comme la première fois.

Pour connoître la quantité de la poudre
blanche, on la réunit avec un peu d'eau, sur
un filtre de papier-Joseph, séché et pesé d'a-
vance, et porté par un entonnoir de verre;
on verse encore dans le filtre une quantité d'eau,
pour rassembler la poudre et en séparer les
dernières parties de cuivre.

Alors on fait dessécher le filtre sur plusieurs
papiers brouillards, dans une étuve, à trente
ou quarante degrés de chaleur; on pèse le
filtre contenant la matière à une balance très-
sensible, et en déduisant le poids du papier l'on a
celui de la matière.

Pour avoir maintenant le poids de l'étain
métallique contenu dans cette poudre, il faut
retrancher les 22 centièmes de son poids.

Cette opération est fort facile : elle consiste tout
simplement à multiplier la quantité de la poudre
obtenue par 22, et à diviser ensuite le produit
par 100. Soit, par exemple, 30 représentant
la quantité de poudre, qui multiplié par 22,
donne 660, et qui divisé par 100, égale 6,60,
qu'il faut retrancher de 30; ce qui donne 23,4
pour l'étain métallique.

Le poids de l'étain ayant été déterminé, on auroit celui du cuivre, si l'on étoit certain d'avance que la pièce de monnoie ne contînt que ces deux métaux ; mais elle peut en même temps recéler du zinc, du fer, etc; il faut donc séparer de la dissolution le cuivre qu'elle contient ; ce qu'on fait en y plongeant une lame de fer bien nettoyée, qu'on y laisse séjourner jusqu'à ce que tout le cuivre soit précipité, ce qu'on reconnoît par le changement de la couleur bleue de la liqueur en une couleur brune-verdâtre ; par le changement de la saveur acre et caustique en saveur douce ; enfin lorsque de l'alcali volatil, versé dans une petite quantité de cette liqueur, ne la rend plus bleue.

Alors on détache avec soin le cuivre des lames de fer, on décante la liqueur avec précaution pour ne pas entraîner le cuivre, on le lave à plusieurs eaux ; on fait sécher, et on pèse.

Si la quantité de cuivre obtenue par ce moyen forme avec celle de l'étain, à un ou deux centièmes près, la somme de matière employée, c'est une preuve qu'elle ne contenoit que ces deux métaux ; mais s'il y a un déficit notable, on doit l'attribuer au zinc, et quelquefois à une petite quantité de fer.

Il y a des moyens de séparer et de mettre à part aussi le zinc qui pourroit se trouver conjointement avec l'étain dans les pièces de cuivre ; mais comme ils sont assez compliqués, et qu'ils exigent toutes les ressources de l'art pour être exécutés avec précision, que d'ailleurs la quantité de cuivre qui fait l'objet principal de l'opération est déterminée, le reste devient peu important et de pure curiosité.

Manière d'analyser les Monnoies de cuivre qui contiendroient du zinc.

Il n'en est pas du zinc comme de l'étain; l'acide nitrique le dissout aussi bien que le cuivre, et l'on ne peut par le même moyen séparer immédiatement ces deux métaux. Celui qui m'a paru le plus simple et le plus exact, c'est de faire dissoudre dans l'acide sulfurique, ou *huile de vitriol*, une quantité connue du métal, d'étendre ensuite la dissolution de sept à huit parties d'eau, et de plonger dans la liqueur ainsi délayée une lame de zinc pesée exactement. Par ce moyen le cuivre sera précipité sous sa forme métallique par le zinc, qui sera dissous à sa place. Après avoir décanté la liqueur dépouillée de cuivre, on détachera ce dernier avec soin des lames de zinc; on fera sécher l'un et l'autre, et on les pesera. Le poids du cuivre indiquera la quantité de ce métal contenue dans les pièces; et à la rigueur ce seul résultat suffiroit pour connoître la quantité des matières étrangères qui y sont mêlées; mais pour plus d'exactitude l'on peut séparer le zinc de la dissolution par un carbonate alcalin, ou *potasse du commerce*, lavet à grande eau le précipité formé, le sécher, et le faire calciner fortement ensuite dans un creuset.

Après avoir pris le poids de la matière calcinée, on en retranchera la quantité de zinc enlevée à la lame, plus les 24 centièmes de cette quantité pour l'oxigène qui s'y est combiné pendant la dissolution ; le reste sera ce qui étoit contenu dans l'alliage, duquel on retranchera aussi les 24 centièmes du poids. Si par hasard il se trouvoit en même temps de l'étain dans les pièces de cuivre, il resteroit au fond de la dissolution, combiné avec l'acide sulfurique, en une poudre blanche qu'il faudroit séparer de la liqueur avant d'y mettre les lames de zinc.

Les proportions du sulfate d'étain n'étant pas connues, on ne peut avoir la quantité de métal qu'il contient, qu'en le décomposant par un carbonate alcalin, et en opérant, du reste, comme il a été dit ci-dessus.

Procédé pour essayer le Billon.

La monnoie connue communément sous le nom de billon, est un alliage formé d'une grande quantité de cuivre et d'une petite quantité d'argent.

L'essai de ces matières peut être fait par la voie sèche et par la voie humide : celle-ci est plus longue et plus dispendieuse que la première, mais elle doit au moins une fois pour chaque espèce de billon, précéder la voie sèche, pour déterminer la quantité de cuivre qu'elle contient, et celle du plomb qu'il faut employer pour sa coupellation.

Procédé par la voie humide.

On fait dissoudre dans de l'eau-forte bien pure une quantité déterminée de la matière; lorsque la dissolution est opérée, on l'étend de huit parties d'eau, et on y plonge une lame de cuivre rouge bien décapée; cette lame de cuivre précipite l'argent à l'état métallique, sous la forme de petits cristaux blancs et brillans; quand tout l'argent est précipité, ce qui est démontré par la cessation du dépôt de l'argent sur le cuivre, on décante la liqueur avec soin, on lave la matière à plusieurs reprises avec beaucoup d'eau, on la fait sécher dans une capsule, et on la pèse. Son poids donne celui du cuivre qui y étoit allié dans le billon, et l'on calcule d'après cela la quantité de plomb nécessaire pour sa coupellation.

On peut aussi précipiter l'argent de la dissolution du billon dans l'eau-forte, par une dissolution de sel marin; il faut y mettre de cette dissolution jusqu'à ce qu'il ne se forme plus de précipité blanc, et il n'y a jamais de danger d'en mettre un excès : on laisse déposer la matière, ce qu'on accélère en faisant chauffer la liqueur; et quand elle est bien éclaircie, on la décante et on lave avec beaucoup d'eau chaude : on fait sécher ensuite et on pèse la matière. Mais l'argent n'est pas ici, comme par le procédé précédent, à l'état métallique, il contient les 25 centièmes de son poids d'acide muriatique et d'oxigène ; il faudra donc, pour avoir la proportion exacte de ce métal, déduire les 25 centièmes de la somme de la matière obtenue.

Coupellation du Billon.

Pour coupeller cet alliage, il est évident qu'il faudra employer une grande quantité de plomb, et des coupelles dont les dimensions et le poids soient proportionnés, si l'on veut avoir un bouton de retour un peu sensible. On peut consulter, pour la proportion de plomb à employer suivant le titre de l'argent, l'article 5 de l'arrêt de la Cour des Monnoies, du 9 mars 1764 : il dit que pour l'argent à 11 deniers 12 grains, il sera employé 4 parties de plomb; à 11 deniers et au dessous, 6 parties; à 10 deniers, 8 parties; à 9 deniers, 10 parties; à 8 deniers, 12 parties; à 7 deniers, 14 parties; à 6 deniers, 16 parties, et ainsi proportionnellement.

Le titre des différens billons varie ordinairement depuis 2 jusqu'à 3 deniers.

Il faut pourtant observer que les proportions de plomb ordonnées par l'arrêt cité ne sont pas en rapport constant avec les quantités de cuivre contenues dans l'argent; car, dans le premier cas, le cuivre ne fait que les 104 dix-mil-

lièmes du plomb, tandis que dans le deuxième
il fait les 139; dans le troisième, les 209; dans le
quatrième, les 244; dans le cinquième, les 277;
dans le sixième enfin, les 297 dix-millièmes. Il
seroit donc à craindre, si les premières quantités
de plomb ne sont pas trop grandes, que les dernières fussent trop petites, en diminuant ainsi la
dose de ce métal jusqu'à ce qu'on fût arrivé à de
l'argent à 2 deniers, par exemple.

Il ne faut pas oublier que pour de pareils essais la matière a besoin d'une forte chaleur, au
commencement sur-tout.

Manière de séparer l'argent de l'eau-forte dans laquelle il est dissous.

Pour séparer l'argent qu'on a mêlé avec l'or
dans l'inquartation, on est obligé d'employer
l'eau-forte, qui le dissout. Lorsqu'on a une certaine quantité de ces dissolutions, on les réunit
dans de grandes terrines de grès, auxquelles on
joint les lavages des cornets d'or. On met ensuite
dans ces dissolutions des planches de cuivre
rouge qu'on y laisse séjourner, jusqu'à ce que tout
l'argent soit précipité ; ce qu'on reconnoît lorsqu'après avoir enlevé de dessus les planches de
cuivre la couche d'argent qui s'y étoit déposé,
et après avoir agité la liqueur dans toutes ses
parties, il ne s'en forme plus de nouvelle, et
encore en en prenant une petite portion dans un
verre, et en y versant une dissolution de sel,

marin : s'il ne se forme point de précipité blanc ,
c'est un signe qu'elle ne contient plus d'argent ;
dans le cas contraire, il faudra y laisser les lames
de cuivre encore quelque temps.

Cette opération dure plus ou moins long-temps,
suivant la masse et la densité de la liqueur , l'é-
tendue plus ou moins grande des surfaces des
lames de cuivre, et la température de l'atmo-
sphère. On peut en diminuer la durée, en renou-
velant de temps en temps les points de contact
entre la liqueur et les plaques de cuivre. Lorsqu'on s'est assuré, comme il a été dit plus haut,
que la totalité de l'argent est séparée, on décante
la liqueur, qui est alors une dissolution de cuivre,
dans l'eau-forte , en prenant garde d'entraîner
avec elle des parties d'argent, qui sont très-
divisées dans cet état : on verse sur ce dernier
une grande quantité d'eau de fontaine bien claire;
on agite fortement le tout ensemble, pour favoriser la dissolution du cuivre et bien laver l'argent; on laisse déposer ce dernier, et lorsque
l'eau s'est éclaircie, on la décante à son tour ;
on continue ainsi ces lavages jusqu'à ce que l'eau
ne contienne plus aucune trace de cuivre , ce
dont on s'assure en y versant un peu d'alcali
volatil qui ne doit y produire aucun changement,
même après plusieurs heures ; si elle contenoit
encore du cuivre , il lui communiqueroit une
couleur bleue.

On prend alors l'argent qui est sous la forme

de poussière d'un blanc grisâtre, et qu'on nomme faussement, dans les affinages, *argent en chaux*; on le fond dans un creuset de terre, avec un quart de son poids, d'un mélange de six parties de salpêtre et d'une partie de borax; lorsque la matière est en fonte tranquille, on la coule dans une lingotière plate, qu'on a eu soin de graisser avant avec un peu de suif. Le lingot étant refroidi, on le plonge dans de l'eau pour en détacher les parties salines qui pourroient y être restées.

Si cette opération a été faite avec tout le soin nécessaire, l'argent est aussi près du degré de pureté qu'il peut atteindre par ce procédé, et il peut servir de nouveau pour l'inquartation de l'or; il ne lui manque plus alors que d'être forgé et laminé pour qu'on puisse le couper plus facilement.

Quant à la dissolution du cuivre, on peut en retirer l'eau-forte par la distillation; mais comme elle contient une trop grande quantité d'eau pour y être soumise immédiatement avec avantage, on la fait réduire par l'ébullition dans des chaudières de cuivre rouge, au moins à la moitié de son volume. Ce moyen a l'avantage de saturer de cuivre la portion d'acide encore libre dans la liqueur, de concentrer la dissolution à moins de frais. On met ensuite cette liqueur concentrée dans des cucurbites de grès munies de chapiteaux et placées sur un fourneau de galère; après avoir luté les chapiteaux avec de la terre et y avoir adapté des récipiens, on chauffe le fourneau avec du bois, et on distille la liqueur jusqu'à siccité. Il est bon de séparer l'acide en deux portions égales; la première passée pourroit servir à l'opération du départ, et la seconde à la reprise du cornet. Cette eau-forte est alors très-pure, et n'a pas besoin d'être précipitée comme celle du commerce. Le cuivre reste au fond des cucurbites sous la forme d'une poudre brune-noirâtre, qu'il suffit de rassembler et de fondre dans un creuset avec partie égale de flux noir, et d'un peu de poix-résine, pour le faire servir au même usage qu'auparavant.

Au moyen de ces procédés, on voit qu'on ne perd que la portion d'eau-forte qui s'évapore pendant l'opération du départ: cependant leur exécution n'est véritablement avantageuse que dans les bureaux de garantie où il y a beaucoup de travail et où l'on consomme une grande quantité d'eau-forte.

Eau-forte, ou *Acide pour les Toucheaux.*

Acide nitrique, à 13,40 de densité.. 98 parties.
Acide muriatique, à 11,73.......... 2 parties.
Eau pure........................ 25 parties.
L'Eau prise pour unité, à 1000.

Instruction pour retirer l'or et l'argent de la liqueur qui a servi à mettre les bijoux d'or en couleur.

M. Couturier, fabricant de chaînes à maillons, s'étant aperçu depuis long-temps que les chaînes qu'il mettait en couleur perdaient plus en poids qu'elles ne haussoient en titre, s'adressa à moi pour en découvrir la cause. Je fis en conséquence, devant un assez grand nombre de fabricans bijoutiers, l'analyse des eaux de couleur, pour en séparer l'or et l'argent qu'elles contenoient. Il en est résulté que tout l'or et l'argent dissous dans lesdites eaux en ont été entièrement retirés par le procédé suivant :

1°. Réunissez vos eaux dans des tonneaux ou dans des pots de Talvanne : ces derniers sont préférables. Lorsque vous aurez une certaine quantité de ces eaux, vous les tirerez à clair de dessus le marc par le moyen qui vous paroîtra le plus commode.

2°. Mettez ces eaux claires dans un autre tonneau ou dans un autre pot : lavez avec de l'eau le marc resté dans le premier tonneau, agitez le premier mélange, et laissez reposer jusqu'à ce que la liqueur soit éclaircie ; décantez-la à son tour et réunissez-la avec la première liqueur.

3°. D'une autre part, dissolvez dans l'eau du sulfate de fer ou couperose verte : une livre de ce sel est suffisante pour précipiter quatre onces d'or.

4°. Mêlez cette dissolution dans vos eaux contenant l'or ; remuez continuellement avec un morceau de bois jusqu'à ce que les liqueurs soient exactement mêlées : c'est à ce moment

que l'or se sépare et donne au mélange une couleur brune
de marron.

5°. Laissez pendant deux jours la liqueur en repos, pour
que toutes les parties de l'or qui sont très-divisées, ayent le
temps de se déposer. Quand la liqueur sera éclaircie, décantez-
la comme la première fois avec précaution, afin que l'or ne
puisse pas être entraîné.

6°. L'eau étant sortie, lavez le dépôt avec de l'eau dans
laquelle vous aurez mis une quantité d'huile de vitriol suffisante pour lui donner une saveur acide, comme du fort
vinaigre.

Quand cette eau aura resté pendant deux heures sur le
marc, décantez-la comme la première; passez-y ensuite un
peu d'eau ordinaire, et opérez de la même manière.

7°. Avant de jeter vos eaux dont vous avez séparé l'or,
prenez-en la valeur d'une pinte, versez-y environ un quarteron de dissolution de couperose verte; si elle ne change pas
de couleur, ce sera une preuve qu'elle ne contiendra plus
d'or; si au contraire elle devenoit encore brune, et si elle
troubloit, il faudroit ajouter à la totalité de cette liqueur un
quarteron de couperose en dissolution, et opérer comme la
première fois.

8°. L'or étant lavé comme il est dit à l'article 6, il faut le
ramasser, le faire sécher dans un poêlon de terre bien cuite
qu'on fera servir à cette opération tant qu'il pourra durer, et
enfin fondre cet or dans un creuset avec une petite quantité de
salpêtre et de borax pour le réunir. Cet or sera fin.

9°. Quant au sédiment blanc qui se trouve au fond de la
couleur, et dont on a parlé en l'article premier, il faut, après
l'avoir fait sécher, le fondre dans un creuset avec le salpêtre
et le borax mêlés ensemble, qu'on projette par parties dans
le creuset, jusqu'à ce que la matière soit en fonte parfaite.

Cette matière, ainsi traitée, donnera de l'argent qui contiendra à-peu-près deux pour cent d'or.

TABLE pour convertir les Poids de marc en nouveaux Poids, publiée par le Bureau des Poids et Mesures.

Livres.	Grammes. Millièmes.	Gros.	Gram. Milliem.	Fractions. de Grain.	Millièmes de Gramme.
1	489,146.	1	3,821.		
2	978,292.	2	7,643.	$\frac{1}{16}$	0,003.
3	1467,438.			$\frac{1}{8}$. $\frac{2}{16}$	0,007.
4	1956,584.	3	11,464.		
5	2445,730.	4	15,286.	$\frac{3}{16}$	0,010.
6	2934,876.	5	19,107.	$\frac{1}{4}$. $\frac{4}{16}$	0,013.
7	3424,022.	6	22,929.	$\frac{5}{16}$	0,017.
8	3913,168.				
9	4402,314.	7	26,750.	$\frac{3}{8}$. $\frac{6}{16}$	0,020.

Onces.	Grammes. Millièmes.	Grains	Gram. Millièm.	Fractions. de Grain.	Millièmes de Gramme.
1	30,572.	1	0,053.	$\frac{7}{16}$	0,023.
2	61,143.	2	0,106.	$\frac{1}{2}$. $\frac{8}{16}$	0,027.
3	91,715.	3	0,159.	$\frac{9}{16}$	0,030.
4	122,286.	4	0,212.		
5	152,858.	5	0,265.	$\frac{5}{8}$ $\frac{10}{16}$	0,033.
6	183,430.	6	0,318.	$\frac{11}{16}$	0,036.
7	214,001.	7	0,372.		
8	244,573.	8	0,425.	$\frac{3}{4}$ $\frac{12}{16}$	0,040.
9	275,145.	9	0,478.	$\frac{13}{16}$	0,043.
10	305,716.	10	0,531.		
11	336,288.	20	1,061.	$\frac{7}{8}$ $\frac{14}{16}$	0,046.
12	366,859.	30	1,592.	$\frac{15}{16}$	0,050.
13	397,431.	40	2,123.		
14	428,003.	50	2,654.		
15	458,574.	60	3,184.		
		70	3,715.		

Explication et usage de la Table.

Cette table est construite de manière que, par une simple addition, on peut convertir en nouveaux poids toute quantité exprimée en livres, onces, gros, grains et fractions de grain, jusqu'aux 16es. Les exemples suivans en montreront l'usage.

Exemple Ier.

Quelle est la valeur, en nouveaux poids, de 8 livres 13 onces 4 gros 28 grains?

Opération.

	Millièmes.
Valeur de 8 livres.	3913, 168.
de 13 onces.	397, 431.
de 4 gros.	15, 286.
de 20 grains.	1, 061.
de 8 grains.	0, 425.
TOTAL.	4327, 371.

La valeur demandée en nouveaux poids est donc 4327 grammes 371 millièmes. Cette fraction de 371 millièmes, additive à 4327 grammes, seroit ordinairement d'une exactitude superflue; on pourra le plus souvent en retrancher le dernier ou les deux derniers chiffres, ce qui réduira ces 371 millièmes, soit à 37 centièmes de gramme, soit à 3 dixièmes seulement; mais dans ce dernier cas, comme le chiffre qui vient après 3 surpasse 5, il sera plus exact de mettre 4 à la place de 3; et alors on diroit que le résultat de l'opération est 4327 grammes 4 dixièmes. Un dixième de gramme répond à environ deux grains; il faudra donc conserver les dixièmes de grammes, lorsqu'on aura besoin de la précision de deux grains.

Remarquez que les 4327 grammes trouvés sont la même chose que 4 kilogrammes 3 hectogrammes 2 décagrammes 7 grammes; de même les 371 millièmes de grammes sont la même chose que 3 décigram. 7 centigram. 1 milligram. Cette décomposition s'emploiera nécessairement quand on voudra peser la même quantité avec de nouveaux poids.

Exemple IIe.

Le poids d'une marchandise étant de 145 livres 12 onces 6 gros, poids de marc, on demande l'expression équivalente en nouveaux poids.

La table ne contient la valeur des livres que jusqu'à 9 ; mais quand on a la valeur des unités de livre, on a aisément celle des dixaines et des centaines ; il suffit pour cela d'avancer la virgule d'un rang pour les dixaines, de deux pour les centaines, etc., ainsi qu'on le voit dans l'opération suivante :

		Grammes.
1 centaine de livres...		48914,6
4 dixaines, *idem*....		19565,84
Valeur de 5 livres.........		2445,730
11 onces............		336,288
6 gros............		22,929
TOTAL........		71285,387

Nota. Dans un si gros poids on peut fort bien omettre la fraction de gramme, de sorte que l'expression demandée sera 71285 grammes ; on formera un pareil poids avec 7 myriagrammes 1 kilogramme 2 hectogrammes 8 décagrammes et 5 grammes.

Exemple IIIe.

On propose de convertir en nouvelles expressions un poids de 3 gros 63 grains $\frac{5}{16}$.

Opération.

		Gramm.	Millièm.
3 gros..........		11	,464
60 grains........		3	,184
Valeur de 3 grains........		0	,159
$\frac{5}{16}$ *idem.*		0	,017
TOTAL.........		14	,824

Réponse. Quatorze grammes huit cent vingt-quatre millièmes.

Table pour convertir les nouveaux Poids en Poids de Marc, publiée par le Bureau des Poids et Mesures.

Myria.	Livres.	Onces.	Gros.	Grains.	Hectog.	Livres.	Onces.	Gros.	Grains. 100es.	Gram.	Gros.	Grains. 1000es.
1	20	7	0	58	1	0	3	2	12,1	1	0	18,841
2	40	14	1	44	2	0	6	4	24,2	2	0	37,682
3	61	5	2	30	3	0	9	6	36,3	3	0	56,523
4	81	12	3	16	4	0	15	0	48,4	4	1	3,364
5	102	3	4	2	5	1	0	2	60,5	5	1	22,205
6	122	10	4	60	6	1	3	5	0,6	6	1	41,046
7	143	1	5	46	7	1	6	7	12,7	7	1	59,887
8	163	8	6	32	8	1	10	1	24,8	8	2	6,728
9	183	15	7	18	9	1	13	3	36,9	9	2	25,569

Kilog.	Livres.	Onces.	Gros.	Grains.	Décagr.	Onces.	Gros.	Grains. 100es.	Décigr.	Grains. 10000es.
1	2	0	5	49	1	0	2	44,41	1	1,8841
2	4	1	3	26	2	0	5	16,82	2	3,7682
3	6	2	1	3	3	0	7	61,23	3	5,6523
4	8	2	6	52	4	1	2	33,64	4	7,5364
5	10	3	4	29	5	1	5	6,05	5	9,4205
6	12	4	2	6	6	1	7	50,46	6	11,3046
7	14	4	7	55	7	2	2	22,87	7	13,1887
8	16	5	5	32	8	2	4	67,28	8	15,0727
9	18	5	6	9	9	2	7	39,68	9	16,9569

Explication et usage de la Table.

L'objet de cette table est de réduire à une simple addition ţoute conversion proposée de nouveaux poids en anciens, pourvu que les premiers n'excèdent pas 10 myriagrammes, ou environ 204 livres. Il eût été facile de donner à la table une plus grande extension ; mais on a jugé cette limite suffisante , parce que les occasions de convertir les nouveaux poids en anciens seront moins fréquentes que celles de faire l'opération inverse.

Exemple Ier.

On demande à quelle valeur en anciens poids de marc répondent 42081 grammes ; ou tout au long 4 myriagrammes 2 kilogrammes 0 hectogramme 8 décagrammes 1 gramme.

Opération.

	Livres.	Onces.	Gros.	Grains.
4 myriagrammes.	81	12	3	16
2 kilogrammes.	4	1	3	26
8 décagrammes	0	2	4	6₇ , 28
1 gramme	0	0	0	18 , 84₁
TOTAL. . . .	86	0	3	56 , 121

Réponse. 86 livres 0 once 3 gros 56 grains $\frac{121}{1000}$ ou à-peu-près $\frac{1}{8}$ de grain.

Exemple IIe.

On propose de convertir 6 grammes 94 millièmes , ou 6 grammes 094 , en anciens poids.

Nous remarquerons avant tout que les 94 millièmes de gramme faisant 94 milligrammes , sont la même chose que 0 décigramme 9 centigrammes 4 milligrammes ; or quoique la table ne soit calculée que jusqu'aux décigrammes, cependant la valeur des décigrammes sert également pour les centigrammes et les milligrammes , en reculant la virgule d'un rang vers la gauche pour les centigrammes , et de deux pour les milligrammes. C'est ce qu'on verra clairement dans le calcul suivant :

Opération.

	Gros.	Grains.	
6 grammes valent.	1	41	, 046
9 centigrammes valent. . .	0	1	, 69569
4 milligrammes valent. . .	0	0	, 075364
SOMME.	1	42	, 817054

Ce n'est que pour bien faire voir l'origine de tous les chiffres, que nous avons laissé jusqu'à six décimales dans cette opération ; mais il suffira, dans presque tous les cas, d'écrire une ou deux décimales, en négligeant toutes les autres.

Dans cet exemple, si on conserve jusqu'à 3 décimales, le résultat est 1 gros 42 grains 817 millièmes de grain.

Observons que les divisions du grain en 10, 100, etc. parties, n'étoient pas en usage, mais bien les divisions en 2, 4, 8, 16, etc. parties : si l'on veut donc réduire les 817 millièmes de grain en 16es., on multipliera 817 par 16, ce qui donnera 13072 ; et séparant les trois derniers chiffres, il reste 13 qui sont 13 seizièmes ; donc la quantité proposée revient à 1 gros 42 grains $\frac{13}{16}$.

TABLE pour savoir combien tant de millièmes de fin d'or, ou d'alliage, font de grains par marc, et réciproquement; publiée par le Bureau des Poids et Mesures.

Millièm. de fin, etc.	Grains par marc.	Millièm. de fin, etc.	Grains par marc.	Millièm. de fin, etc.	Grains par marc.	Millièm. de fin, etc.	Grains par marc.
5	23	130	599	255	1175	380	1751
10	46	135	622	260	1198	385	1774
15	69	140	645	265	1221	390	1797
20	92	145	668	270	1244	395	1820
25	115	150	691	275	1267	400	1843
30	138	155	714	280	1290	405	1866
35	161	160	737	285	1313	410	1889
40	184	165	760	290	1336	415	1912
45	207	170	783	295	1359	420	1935
50	230	175	806	300	1382	425	1958
55	253	180	829	305	1405	430	1981
60	276	185	852	310	1428	435	2004
65	300	190	876	315	1452	440	2028
70	323	195	899	320	1475	445	2051
75	346	200	922	325	1498	450	2074
80	369	205	945	330	1521	455	2097
85	392	210	968	335	1544	460	2120
90	415	215	991	340	1567	465	2143
95	438	220	1014	345	1590	470	2166
100	461	225	1037	350	1613	475	2189
105	484	230	1060	355	1636	480	2212
110	507	235	1083	360	1659	485	2235
115	530	240	1106	365	1682	490	2258
120	553	245	1129	370	1705	495	2281
125	576	250	1152	375	1728	500	2304
	ou 1 once.		ou 2 onces.		ou 3 onces.		ou 4 onces.

Usage de la Table pour la conversion des nouvelles expressions en anciennes.

Ayant reconnu par l'opération du départ qu'un lingot de doré contient 148 millièmes d'or, on veut savoir à combien de grains par marc répondent ces 148 millièmes.

Réponse.

Dans la seconde colonne de la table, on trouve que 145 millièmes répondent à 668 grains . . . . 668 grains.

Dans la table supplémentaire, on voit que les 3 millièmes de plus répondent à 14 grains, ci 14

TOTAL 682

Donc les 148 millièmes d'or existant dans le lingot, sont l'équivalent de 682 grains par marc.

TABLE
Supplémentaire.

Millièmes de fin, etc.	Grains. par Marc.
1	5.
2	9.
3	14.
4	18.

Usage de la Table pour la conversion des anciennes expressions en millièmes.

La proportion d'un alliage étant fixée à 432 grains par marc, on demande la proportion équivalente en millièmes.

Réponse.

Je cherche le nombre 432 parmi les grains ; je trouve dans la première colonne les deux nombres 415 et 438 entre lesquels 432 est contenu ; le plus petit des deux, 415, répond à 90 millièmes, ci . . . . 90 millib.

ensuite, de 415 à 432 la différence est 17 ; je cherche 17 grains dans la table supplémentaire, et je trouve que 17 grains répondent entre 3 et 4 millièmes, mais plus près de 4 que de 3 ; ci 4

TOTAL 94

Donc les 432 grains par marc répondent à 94 millièmes.

Liste des outils nécessaires à un Essayeur de bureau de garantie.

1°. Une balance d'essai et ses poids.

2°. Une balance ordinaire et ses poids, pour peser les ouvrages des orfévres en entrant et sortant du bureau.

3°. Des cisoires grandes et petites.

4°. Grattoirs.

5°. Limes plates, rondes et triangulaires.

6°. Bruxelles.

7°. Brosses de crin en forme de pinceau.

8°. Tenailles à mâchoires taillées en lime pour enlever les boutons d'argent des coupelles.

9°. Tas d'acier, marteaux, ciseaux.

10°. Fourneaux de coupelles.

11°. Moufles.

12°. Coupelles.

13°. Lampe d'émailleur.

14°. Matras en poire pour le départ de l'or.

15°. Creusets pour recuire les cornets d'or.

16°. Pierre de touche.

17°. Touchaux d'or et d'argent.

18°. Loupe.

19°. Plateaux en cuivre pour mettre les prises d'essai.

20°. Planche de cuivre pour la dissolution d'argent provenant des essais d'or.

Matières nécessaires à l'Essayeur.

1°. Plomb pauvre.

2°. Argent fin pour l'inquartation.

3°. Eau-forte pure.

4°. Eau distillée pour laver les cornets d'òr.

5°. Borax.

6°. Acide muriatique pour composer l'eau-forte pour le touchau.

~~~~~~~~~~~~~~~~~~~~~~~~~~~~~~

OBLIGATIONS

Imposées aux Essayeurs , par loi du 17 brumaire an 7, sur l'Organisation des Bureaux de garantie pour les matières d'or et d'argent.

ART. 4. Il y a trois titres légaux pour les ouvrages d'or, et deux pour les ouvrages d'argent; savoir :

Pour l'or,

Le premier de 920 millièmes ou 22 karats $\frac{2}{3}$, et $\frac{1}{5}$ environ ;

Le second, de 840 millièmes, 20 karats $\frac{5}{3}$ et $\frac{1}{8}$;

Le troisième, de 750 millièmes 18 carats ;

Et pour l'argent,

Le premier , de 950 millièmes 11 deniers 9 grains $\frac{7}{10}$;

Le second , de 800 millièmes 9 deniers
14 grains $\frac{2}{5}$.

Art. 5. La tolérance des titres pour l'or est
de 3 millièmes : celle des titres pour l'argent est
de 5 millièmes.

Art. 6. Les fabricans peuvent employer, à
leur gré , l'un des titres mentionnés en l'art. 4,
respectivement-pour les ouvrages d'or et d'argent, quelle que soit la grosseur ou l'espèce des
pièces fabriquées.

Art. 39. L'Essayeur de chaque bureau de
garantie sera nommé par l'Administration du
département où ce bureau est placé ; mais il ne
pourra en exercer les fonctions qu'après avoir
obtenu de l'Administration des Monnoies un
certificat de capacité, aux mêmes conditions
prescrites par l'article 49 de la loi du 22 vendé-
miaire , sur l'organisation des Monnoies.

Art. 42. Les Essayeurs n'auront d'autre ré-
tribution que celle qui leur est allouée pour les
frais de chaque essai d'or et d'argent , ainsi qu'il
sera dit dans le titre suivant.

Art. 44. L'Essayeur se pourvoira, à ses frais,
de tout ce qui est nécessaire à l'exercice de ses
fonctions ; l'Administration des Monnoies four-
nira au bureau les poinçons et la machine à
estamper ; les frais de registres et autres seront
réglés par la Régie de l'enregistrement, sous
l'approbation du Ministre des Finances ; l'Administration du Département procurera un local

convenable au Bureau, qui devra être placé, autant que possible, dans celui de la Municipalité du lieu.

.Art. 45. L'Essayeur, le Receveur et le Contrôleur du Bureau de Garantie auront chacun une des clefs de la Caisse dans laquelle seront renfermés les poinçons.

Art. 48. L'Essayeur ne recevra les ouvrages d'or et d'argent qui lui seront présentés pour être essayés et titrés, que lorsqu'ils auront l'empreinte du poinçon du fabricant, et qu'ils seront assez avancés pour qu'en les finissant ils n'éprouvent aucune altération.

Art. 49. Les ouvrages provenant de différentes fontes devront être envoyés au Bureau de Garantie dans des sacs séparés, et l'Essayeur en fera l'essai séparément.

Art. 50. Il n'emploiera dans ses opérations que les agens chimiques et substances provenant du dépôt établi dans l'Hôtel des Monnoies de Paris; mais les frais de transport de ces substances et matières seront compris dans les frais d'Administration du Bureau.

Art. 51. L'essai sera fait sur un mélange des matières prises sur chacune des pièces provenant de la même fonte. Ces matières seront grattées ou coupées, tant sur les corps des ouvrages que sur les accessoires, de manière que les formes et les ornemens n'en soient pas détériorés.

Art. 52. Lorsque les pièces auront une lan-guette forgée ou fondue avec leur corps, c'est en partie sur cette languette, et en partie sur le corps de l'ouvrage, que l'on fera la prise d'essai.

Art. 53. Lorsque les ouvrages d'or et d'argent seront à l'un des titres prescrits respectivement pour chaque espèce par l'article 4 de la présente loi, l'Essayeur en inscrira la mention sur un registre destiné à cet effet, et qui sera cotté et paraphé par l'Administration départementale : lesdits ouvrages seront ensuite donnés au Rece-veur, avec un extrait du registre de l'Essayeur, indiquant le titre trouvé.

Art. 56. Les ouvrages d'or et d'argent qui, sans être au-dessous du plus bas des titres fixés par la loi, ne seroient pas précisément à l'un d'eux, seront marqués au titre légal immédiate-ment inférieur à celui trouvé par l'essai, ou se-ront rompus si le propriétaire le préfère.

Art. 57. Lorsque le titre d'un ouvrage d'or ou d'argent sera trouvé inférieur au plus bas des titres prescrits par la loi, il pourra être procédé à un second essai, mais seulement sur la de-mande du propriétaire.

Si le second essai est confirmatif du premier, le propriétaire paiera le double essai, et l'ouvrage lui sera remis après avoir été rompu en sa pré-sence.

Si le premier essai est infirmé par le second, le propriétaire n'aura qu'un seul essai à payer.

ART. 58. En cas de contestation sur le titre, il sera fait une prise d'essai sur l'ouvrage, pour être envoyée, sous les cachets du fabricant et de l'Essayeur, à l'administration des Monnoies, qui la fera essayer dans son laboratoire, en présence de l'Inspecteur des essais.

ART. 59. Pendant ce temps, l'ouvrage présenté sera laissé au Bureau de Garantie sous les cachets de l'Essayeur et du fabricant; et lorsque l'Administration des Monnoies aura fait connoître le résultat de son essai, l'ouvrage sera définitivement titré et marqué conformément à ce résultat.

ART. 60. Si c'est l'Essayeur qui se trouve avoir été en défaut, les frais de transport et d'essai seront à sa charge : au cas contraire, ils seront supportés par le propriétaire de l'objet.

ART. 61. Lorsqu'un ouvrage d'or, d'argent ou de vermeil, quoique marqué d'un poinçon indicatif de son titre, sera soupçonné de n'être pas au titre indiqué, le propriétaire pourra l'envoyer à l'Administration des Monnoies, qui le fera essayer avec les formalités prescrites pour l'essai des monnoies.

Si cet essai donne un titre plus bas, l'Essayeur sera dénoncé aux tribunaux, et condamné pour la première fois à une amende de deux cents francs; pour la seconde, à une amende de six cents francs; et la troisième fois il sera destitué.

ART. 62. Le prix d'un essai d'or, de doré et d'or

tenant argent, est fixé à trois francs, et celui
d'argent à quatre-vingts centimes.

ART. 63. Dans tous les cas, les cornets et boutons d'essai seront remis au propriétaire de la
pièce.

ART. 64. L'essai des menus ouvrages d'or par
la pierre de touche sera payé neuf centimes par
décagramme (deux gros quarante-quatre grains et
demi environ d'or).

ART. 65. Si l'Essayeur soupçonne aucun des
ouvrages d'or, de vermeil ou d'argent, d'être
fourré de fer, de cuivre ou de tout autre matière étrangère, il le fera couper en présence du
propriétaire. Si la fraude est reconnue, l'ouvrage
sera saisi et confisqué, et le délinquant sera dénoncé aux tribunaux et condamné à une amende
de vingt fois la valeur de l'objet.

Mais, dans le cas contraire, le dommage sera
payé sur-le-champ au propriétaire, et passé en
dépense comme frais d'administration.

ART. 66. Les lingots d'or et d'argent non affi-
nés qui seroient apportés à l'Essayeur du Bureau
de Garantie pour être essayés, le seront par lui,
sans autres frais que ceux fixés par la loi pour les
essais. Ces lingots, avant d'être rendus au propriétaire, seront marqués du poinçon de l'Essayeur, qui, en outre, insculpera son nom, les
chiffres indicatifs du vrai titre, et un numéro
particulier.

L'Essayeur fera mention de ces divers objets

sur son registre , ainsi que du poids des matières essayées.

ART. 67. L'Essayeur qui contreviendroit au précédent article, seroit condamné à une amende de cent francs pour la première fois , de deux cents francs pour la seconde , et la troisième fois il sera destitué.

ART. 68. L'Essayeur d'un Bureau de Garantie peut prendre , sous sa responsabilité, autant d'aides que les circonstances l'exigeront.

FIN.

RAPPORT

Sur un Ouvrage manuscrit, concernant la manière de faire les Essais des matières d'or et d'argent.

Citoyens Administrateurs,

Le manuscrit que vous m'avez remis pour l'examiner n'a point de titre, et est sans nom d'auteur : c'est un petit Traité court et précis de l'art des essais des matières d'or et d'argent, tant par la voie sèche, c'est-à-dire par la coupelle, que par la voie humide, ou le départ. L'auteur y traite aussi de la monnoie de cuivre et du billon : ceci est d'autant plus utile, que ce métal se trouve aujourd'hui, par les malheurs des circonstances de notre révolution, infecté par plusieurs matières étrangères, telles que le fer, le plomb, le zinc, et sur-tout par des étains de mauvais aloi ; il étoit donc essentiel, tant pour les monnoies que pour les arts, que le cuivre ne fût pas oublié.

L'auteur expose d'abord, 1°. l'ordre qu'il convient de mettre et d'observer dans les laboratoires des bureaux de garantie ; l'ordre qu'on dédaigne tant, et dont tout le monde sent la nécessité. Viennent ensuite successivement les articles 2°. de la balance d'essai et de ses dépendances ; 3°. des poids ; 4°. de la conversion des grammes en deniers et karats, *et vice versâ* ; 5°. des fourneaux de coupelle ; 6°. des moufles ; 7°. des coupelles ; 8°. de la purification des eaux-fortes ou acide nitrique ; 9°. de la préparation de l'acide pour le toucheau : ceci est relatif, en particulier, aux bureaux de garantie ; 10°. de la coupellation en général ; 11°. de celle de l'argent et de l'or en particulier ; 12°. de l'essai des lingots de doré et d'or chargés d'argent ; 13°. de l'opération du toucheau. Enfin, comme dans les momens les plus difficiles de la révolution, la France, par l'extrême disette de cuivre dont elle avoit un absolu besoin, a été forcée d'avoir recours à ses cloches qu'il a fallu fondre et raffiner, et que dans ces momens de presse et de trouble l'inexpérience et la mauvaise foi y ont introduit un grand désordre, l'auteur a joint à ce Manuel quelques articles sur l'essai des monnoies de billon ; sur la manière de séparer l'argent d'avec l'eau-forte dans laquelle il est dissous ; enfin, un article devenu essentiel, sur les caractères et les signes auxquels on peut reconnoître l'alliage frauduleux de l'or et de l'argent avec le platine, et sur la méthode à suivre pour en faire le départ ; car l'inaltérabilité par le feu et par les menstrues acides, autres que l'acide nitro-muriatique qu'a le platine en commun avec l'or, n'a pas manqué de réveiller la cupidité. Ce petit ouvrage me paroît renfermer ce qu'il est essentiel ou utile aux

Essayeurs des bureaux de garantie de connoître : il est fait pour eux, et remplit son objet ; clair et précis, il est écrit sans faste et sans luxe de doctrine ni d'érudition ; cependant il contient beaucoup d'observations fines placées à-propos, et qui font voir que l'auteur est un homme exercé et dont les connoissances vont beaucoup au-delà.

Je suis d'avis que cet ouvrage soit imprimé, afin qu'il soit dans les mains des Essayeurs des bureaux de garantie, sur-tout, pour lesquels il est composé, et auxquels je pense qu'il peut être d'un grand secours et d'une grande utilité.

A Paris, le 1ᵉʳ. ventose an 7 de la république française.

Signé DARCET.

TABLE.

Fin de la Table.

De l'Imprimerie de P. GUEFFIER , rue du Foin-Saint-
Jacques , n°. 18.